纳 米 科 技 探 索

——科普与实验(上册)

主编 徐正伟　吴军华

张剑锋　李　超

参编 苗赛男　宗　平

陈　红　金　宏

万　飞　刘　鹏

沈小祥　汪京坪

苏 州 大 学 出 版 社

图书在版编目(CIP)数据

纳米科技探索：科普与实验. 上册 / 徐正伟等主编
. — 苏州：苏州大学出版社，2022.6
ISBN 978-7-5672-3934-0

Ⅰ. ①纳… Ⅱ. ①徐… Ⅲ. ①纳米技术－青少年读物
Ⅳ.①TB383－49

中国版本图书馆 CIP 数据核字(2022)第 095099 号

NAMI KEJI TANSUO—KEPU YU SHIYAN(SHANGCE)

书　　名：纳米科技探索——科普与实验（上册）

主　　编：徐正伟　吴军华　张剑锋　李　超

责任编辑：周建兰

助理编辑：杨　冉

装帧设计：刘　俊

出版发行：苏州大学出版社（Soochow University Press）

社　　址：苏州市十梓街 1 号　邮编：215006

印　　刷：苏州市深广印刷有限公司

邮购热线：0512 - 67480030

销售热线：0512 - 67481020

开　　本：700 mm×1 000 mm　1/16　印张：21.25(共 2 册)　字数：221 千

版　　次：2022 年 6 月第 1 版

印　　次：2022 年 6 月第 1 次印刷

书　　号：ISBN 978-7-5672-3934-0

定　　价：99.00 元(共 2 册)

图书若有印装错误,本社负责调换
苏州大学出版社营销部　电话：0512-67481020
苏州大学出版社网址　http://www.sudapress.com
苏州大学出版社邮箱　sdcbs@suda.edu.cn

前　言

随着纳米材料和纳米技术在不同研究领域的快速发展，不同学科间的交叉和融合趋势越来越明显，不断有新材料和新技术涌现出来。中学生作为将来新兴科技的后备力量，其了解和学习纳米科技的渠道并不多。为了培养中学生对纳米科技的兴趣，在实验过程中培养中学生的科学素养，编者将多年的教学经验积累整理成书，作为西安交通大学苏州附属中学纳米科学创新人才培养项目实验班的科普与实验课校本教材。

本书主要通过带领学生体验高中课本之外的实验课程，培养学生的科学探究能力、合作能力、实践能力。本教材除了具有一定的科普知识外，还分模块安排了系列基础及纳米实验课程，编排了多样化的科学探究活动，让高中阶段的学生尽早地接触前沿的科研理论、研究型课题及课题研究内容，这不仅有助于培养学生系统的研究思维和创新思维，而且锻炼了学生的科学实验能力。章节后的思考题则有助于引导学生的知识迁移和发散性思维。

本书涉及材料、化学、生物、物理方面的纳米知识，分为上、下两册。上册主要介绍纳米技术概述、纳米超疏水性材料实验探索、纳米抗菌材料的应用、纳米材料在光催化领域的应用、纳米材料在转移印花技术中的应用、微纳器件 COMSOL 模拟仿真应用、纳米制程芯片及半导体器件应用、纳米材料在定量分析领域的应用；下册主要介绍高级氧化技术在有机废水领域的应用、水下晶体花园构建、指纹追踪技术初探、基因的游泳比赛、电镜技术应用探索——神奇的微观世界、纳米技术在抗体抗原检测方面的应用、纳米药物载体的制备及应用。

本书的各章节由西安交通大学苏州附属中学和西安交通大学纳米科学与工程技术学院（苏州）的相关老师参与编写，本书仅供教学使用。由于编者水平有限，书中难免存在疏漏和不妥之处，敬请广大读者批评指正。

目 录

第一章　纳米技术概述

　　什么是纳米？纳米（nm）是长度单位，一纳米等于十亿分之一（10^{-9}）米，相当于10个氢原子排列在一起的长度。一根头发丝的直径约为 $90\ \mu m$，单个细菌在显微镜下的直径约为 $5\ \mu m$。为方便了解纳米尺度，图 1-1 标注了生活中常见或常提及的几种物质的尺寸。

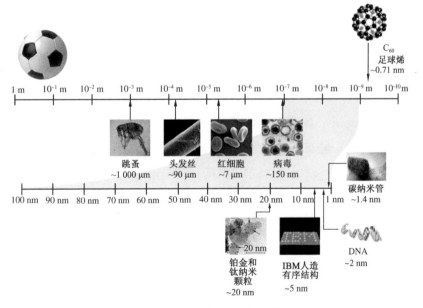

图 1-1　几种物质的尺寸

一、纳米科技

纳米科技是指在纳米尺度（一般是 1～100 nm，上下往往有所突破）上研究物质的特性和相互作用，以及利用这些特性在这一尺度范围内对原子、分子进行操纵和加工的多学科交叉的科学和技术。纳米科学包括纳米物理学（纳米电子学、纳米光电子学、纳米磁学）、纳米化学、纳米材料学、纳米生物学、纳米医学。而纳米技术是现代物理学与先进工程技术相结合的产物，是一门基础研究与应用探索紧密联系的新型科学技术，主要应用于纳米器件（纳米电子器件、纳米传感器、纳米芯片、纳米机械等）、纳米测量技术（纳米探针、纳米扫描技术等）、纳米材料（零维纳米材料、一维纳米材料、二维纳米材料、三维纳米材料等）、纳米加工（纳米操控、纳米光刻、纳米压痕等）等研究领域。

"纳米技术"一词最初是由谷口纪男（Norio Taniguchi）在 1974 年开始使用的。然而，它背后的概念则可以追溯到更早。著名理论物理学家、诺贝尔奖获得者理查德·菲利普·费曼（Richard Phillips Feynman）在其 1959 年的著名演讲——"底部还有很大空间"中就描述了一个在微观层面控制物质的领域，预见了纳米技术的前景，他曾预言，毫无疑问，当我们得以对纳微尺度的事物加以操纵的话，将大大地扩充我们可能获得物性的范围。纳米科技的发展是人类对于微观世界的探索成果，也是 21

世纪人类科学发展的前沿。纳米科技的发展既带动了基础科学的研究，同时也是应用科学的拓展。纳米科技的进步已经成为推动新兴产业发展的重要动力。

二、纳米材料

纳米材料具有颗粒尺寸小、比表面积大、表面能高、表面原子所占比例大等特点，以及其特有的表（界）面效应、小尺寸效应和量子效应等。

（一）表（界）面效应

表（界）面效应是指微粒的粒径越小，其总表面积越大，表面原子数与总原子数之比随粒径变小而急剧增大。例如，当粒径为 10 nm（总原子数为 3×10^4）时，表面原子数与总原子数的比值为 0.20；而当粒径减小到 1 nm（总原子数为 30）时，这一比值急剧上升到 0.991。表面原子的晶场环境和结合能与内部原子不同，具有很大的化学活性；晶粒的微粒化随着这种活性的表面原子增多，其表面能也大大增加。

物质体积的缩小虽不会引起物质物性基本参量的变化，但会使那些与体积有关的物性发生变化，如磁体的磁畴变小，半导体中电子的自由路程变短等。物质一般具有由无限个原子组成的物质属性，而纳米微粒则表现出有限个原子集合体的特性。纳米微粒本身和由它构成的纳米固体的声、光、热、电、磁和热力学等物理性质，体现出传统固体所不具备的许多特殊性质。其中造成这一现象的重要因素是其表（界）面效应。

（二）小尺寸效应

晶体周期性的边界条件遭破坏，颗粒表面层附近原子密度减小，从而导致声、光、热力、电磁学等特性，呈现新的小尺寸效应，表现出特殊的光学性质、热学性质、磁学性质、力学性质、电学性质。例如，金属在超微颗粒时可变成绝缘体，磁矩大小与颗粒中电子数的奇偶有关，光谱线向短波移动，等等。

（三）量子效应

当粒子的尺寸达到纳米量级的时候，费米能级附近的电子能级由连续态分裂成分立能级。当能级间距大于热能、磁能、静电能、静磁能、光子能或者超导态的凝聚能时，会出现纳米材料的量子效应，即声、光、电、磁、超导电性能发生变化。

材料的组织结构直接影响材料的使用性能，为了满足工作环境对材料的特殊要求，技术工作者们采用多种工艺手段来改进表面改性技术。大多数材料的劣化始于表面，因此，在材料表面制备出一定厚度的纳米结构表层，可以优化材料的整体力学性能和对环境的适应能力。材料表面纳米化的方法有三种：表面涂层或沉积法、表面自身纳米化法、混合法。

材料表面纳米化之后，材料的相关性能都有所提高。例如，材料力学性能提高，316 L 不锈钢经表面纳米化后，拉伸屈服强度达到了 1 450 MPa，是粗晶的 6 倍；材料抗疲劳性能提高，316 L 不锈钢板的中值疲劳寿命是未处理

钢板的 $1.09\sim1.62$ 倍；材料耐磨性能提高，耐磨实验表明，表面纳米化使高锰钢的磨损机理产生了变化；材料耐腐蚀性能提高，对于耐腐蚀机理还处于研究阶段；材料化学热处理能力提高，表面纳米化使材料表面的化学性能发生了变化，利用表面纳米化可以极大地提高传统的表面化学处理能力，提高材料中形成化合物的能力；材料生物相容性提高，通过种植体的表面处理技术，促进金属理化和生物性能之间的结合，对于如骨科种植体，缩短愈合时间、提高骨结合能力等有所帮助，目前对于提高纯钛的表面相容性是研究热点之一。

对于纳米材料的制备，目前有以下三种方法。

（1）根据制备原料状态分为固体法、液体法、气体法。

（2）根据反应物的状态分为干法和湿法。

（3）根据生产的原理分为物理法、化学法和综合法。物理法包括蒸汽冷凝、爆炸、电火花、离子溅射、机械研磨、低温等方法。化学法包括水热、水解、熔融等方法。综合法包括离子加强化学沉淀、激光诱导化学沉淀等方法。

纳米材料表征方法有很多，如用紫外可见光谱（UV-Vis）观察能级结构，使用扫描隧道显微镜（STM）观察纳米薄膜表面的近原子像，使用透射电子显微镜（TEM）观察微小物体表面，等等。常见的纳米材料表征方法如表 1-1 所示。

表 1-1　常见的纳米材料表征方法

序号	表征方法	表征内容
1	紫外可见光谱（UV-Vis）	观察能级结构
2	扫描隧道显微镜（STM）	观察纳米薄膜表面的近原子像
3	透射电子显微镜（TEM）	观察微小物体表面
4	光声光谱（PAS）	提供带隙位移和能量变化信息
5	拉曼光谱（Raman Spectra）	提供纳米材料表面原子或分子的结构信息
6	傅里叶变换红外光谱（FTIR）	检验金属离子与非金属离子成键、金属离子的配位
7	正电子湮没谱学（PAS）	提供纳米材料电子结构或者缺陷结构的信息
8	高分辨 X 射线粉末衍射	测试单晶晶胞内有关物质的元素组成比、尺寸、离子间距等
9	穆斯堡尔谱学（Mossbauer Spectroscopy）	测试物质的原子核和核外环境之间的超精细相互作用，对铁磷材料超精细相互作用的测定具有很高的分辨水平

三、纳米技术的应用

　　纳米技术所涉及的领域非常广泛，如在物理、化学、工程力学、医学等领域都具有应用，而且多学科的融合发展更创造出了新的应用领域，下面我们仅举例其在生物医学、微电子学上的应用。

　　日本科学家成功地将硅原子堆成一个"金字塔"，首次实现原子三维空间的立体搬迁。1991 年，IBM 的科学家制造了超快的氙原子开关，可将美国国会图书馆的全部藏书存储在一个直径约为 0.3 cm 的硅片上。

传统陶瓷材料质地较脆，韧性较差、强度较低，其应用受到限制。纳米陶瓷能克服陶瓷材料的脆性，具有像金属一样的柔韧性和可加工性。所谓纳米陶瓷，是指显微结构中的物相具有纳米级尺度的陶瓷材料。也就是说，晶粒尺寸、晶界宽度、第二相分布、缺陷尺寸等都是在纳米量级的水平上。许多专家认为，如能解决单相纳米陶瓷的烧结过程中抑制晶粒长大的技术问题，从而控制陶瓷中晶粒尺寸在 50 nm 以下，那么它将具有高硬度、高韧性、低温超塑性、易加工等传统陶瓷所不具备的优点。

碳纳米管薄层（也称巴克纸）能够在均匀压缩时，长度和宽度同时增加。随着多壁碳管在薄层中的增加，薄层的泊松比（poisson's ratio，侧向收缩比例与实际伸长比例的比值）会从 0.06 突然跃变为 −0.20，即这种材料具有负的泊松比。新的研究成果具有重要的应用价值，比如设计源自碳纳米薄层的复合物，制造人工肌肉、垫圈、压力传感器和化学传感器等。

图 1-2 为碳纳米管薄膜基人工肌肉致动器，采用连续的碳纳米管薄膜作为电极层及力学增强体，用灌注了离子液体（EMIBF$_4$）的天然聚合物凝胶作为电解质层，热压组装成三明治结构的电致动聚合物器件。对这样的悬臂梁式器件，两电极层间施加一个交流电场，它就会发生快速的往复摆动。与普通的离子型聚合物致动器相比，这种新型致动器可以长期稳定地工作在空气环境中，其电力学性

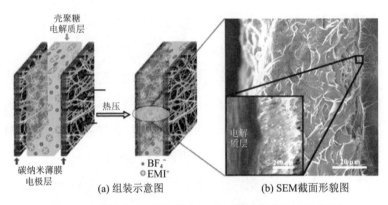

图 1-2　碳纳米管薄膜基人工肌肉致动器组装示意图
与 SEM 截面形貌图[1]

能也有一到两个数量级的进步，如超快的电力学响应、相当宽的频率使用范围及惊人的力学输出能力。如此显著的性能提高，不仅是因为碳纳米管与选用的聚合物材料及离子液体有着良好的生物相溶性，还因为碳纳米管薄膜电极的高电导及其优异力学性能对整个复合器件力学性能的提高和调制。

在航天事业中，利用碳纳米管制造人造卫星的拖绳，不仅可以为卫星供电，还可以耐受很高的温度而不会被烧毁。如果用碳纳米管做成的绳索，是目前唯一可以从月球上挂到地球表面，而不被自身重量所拉断的绳索。如果用它做成地球到月球的电梯，人们在月球定居就很容易实现了。

在医学领域，纳米技术在疾病的诊断和治疗中起着重要的作用，比如分子诊断中使用的纳米芯片技术，以及目前已经广泛研究并应用于临床治疗的纳米药物载体等技术。

最近几十年，基于传统药物的局限性，纳米药物递送系统已成为生物技术研究中最引人注目的领域之一。纳米药物传递系统是用来提高传统抗肿瘤药物的药效和提高药物的安全性的有效手段之一。纳米药物传递系统是指药物与药用材料一起形成的粒径在 $1 \sim 1\,000$ nm 的颗粒,这种小尺寸的颗粒可以用于药物制剂和递送。这些颗粒不仅可以用于包载水溶性差的药物,还可以承载大分子(如抗体、DNA、肽等)用于癌症的治疗。纳米药物载体主要包括脂质体、生物纳米胶囊、金属纳米粒、聚合物纳米粒、壳聚糖纳米颗粒、纳米粒、纳米胶束等。

纳米粒粒径在 $10 \sim 100$ nm 时,可以增加其对血管的渗透性和对脉管系统的渗漏能力,使其在肿瘤靶向上更加有效。被动靶向肿瘤治疗主要是基于肿瘤部位血管内皮细胞不规则排列的特点。正常组织的血管内皮细胞是有规律地排列的,并且细胞的间隙小于 5 nm,然而在肿瘤发生的部位,由于局部炎症的发生,导致细胞的间隙增加到 $200 \sim 750$ nm,相对于正常组织,某些尺寸的分子或颗粒更趋向于聚集在肿瘤组织的性质,被称为增强渗透性和保留(EPR)效应。EPR 效应使纳米药物传递系统只能穿透到肿瘤部位,从而达到药物被动靶向释放的目的。以这种方式,化疗药物仅在肿瘤部位中表现出 EPR 效应,这就使得用较低的临床给药剂量达到治疗肿瘤成为可能。更重要的是,这一策略使高剂量的化疗药物聚集到肿瘤部位,即使在第一次使用药物时也能达到很好的治疗效果,从而能够有效地避免正常的组织及细胞受到不必要的杀伤作用。起初,纳米药物传递系统是为了解决化疗药物的溶解度差所导致药代动力学问题及减少细胞毒性,后来发现它也可以克服另外一个癌症临床治疗时所面临的巨大挑战：多药耐药性（MDR）。癌症耐药性的产生主要是由于外排泵或糖蛋白的过度表达，在给药后肿瘤部位化疗药物从胞内转运到胞外的能力增强，从而导致药物不能发挥其疗效。然而纳米药物传递系统是通过内吞作用进入细胞，这使得其可避免产生耐药性。总之，与传统的化疗药物相比，纳米药物传递系统在医学领域具有极大的应用潜力，具有多靶向功能化、体内成像、组合药物递送、延长循环时间和全身控制释放等特点。

最常用的纳米药物传递系统是由两亲性材料构成的"自组装系统"。这种材料是由亲水性和疏水性嵌段组成，根据其特殊的结构，它们能够在水性介质中形成双层囊泡或单层胶束。在这些体系中，疏水性嵌段向内部聚集形成内核，使亲水性嵌段暴露于外部的水性介质中。疏水性内核容纳疏水性药物分子，而外部的亲水性嵌段负责药物在血液中的输送。

生物可降解胶贴的灵感来自壁虎的足部，这种胶贴是依靠纳米尺度的柱体和化学胶水制成的，它是第一个能呈现出良好黏性强度和动物安全性的胶贴。这种胶贴是由一种能嵌入药物的可生物降解弹性体制成。为制作这种胶贴，先将液态聚合物注入遍布 200～500 nm 宽凹孔的微型硅模，然后用具有生物相容性的葡聚糖胶对模化、变硬的聚合物进行旋涂。当胶贴被使用时，毛细管的力量将组织拉入柱体间的空隙，这些柱体具有一些微弱的电荷引力，这样葡聚糖胶就黏附在组织蛋白上。这种胶贴能取代外科手术的缝线及缝钉，也可制成药物控释贴片直接安放在包括心脏在内的器官上。

美国研究人员发明了一种新型黏合剂，它将壁虎一样的纳米结构（脚上有微小的刚毛）与贻贝所采用的进行水下黏附的化学方法结合起来，形成了新的"壁虎胶"。不像以前的壁虎胶只适用于干燥的表面，新的"壁虎胶"既适用于潮湿的表面，也适用于干燥的表面。这种黏合剂还可以重复使用一千多次，因此具有广泛的医疗用途，包括防水绷带、创可贴、药物输送贴片及修复皮肤伤口贴片。它还可以为水下航行器和机器人提供附着力，并可以被潜水员用来临时附着在水面上。图 1-3 为湿/干混合纳米黏合

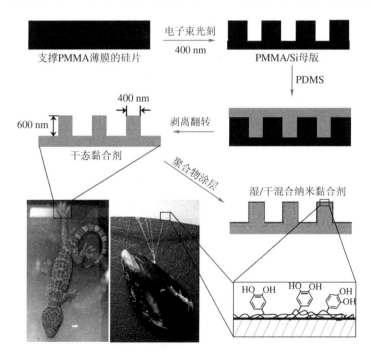

图 1-3　湿/干混合纳米黏合剂的设计示意图[2]

剂（由一系列 600 nm 高、400 nm 宽的小柱子组成，这些小柱子上涂有类似于贻贝粘蛋白的聚合物）的设计示意图。利用电子束光刻技术在硅片上支撑的 PMMA（聚甲基丙烯酸甲酯）薄膜上形成孔阵列，制作成 PMMA/Si 母版。将烷羟基硅油 PDMS（聚二甲基硅氧烷）浇铸到母版上，进行固化，然后将其剥离，形成仿壁虎脚的纳米柱阵列。最后，将贻贝粘蛋白模拟聚合物涂覆到所制备的纳米柱上。

纳米电子学是基于纳米粒子的量子效应来制备纳米量子器件的学科。它包括纳米有序（无序）阵列体系、纳米微粒与微孔固体组装体系、纳米超结构组装体系。

纳米电子学目标是将集成电路进一步减小，研制出由单原子或单分子构成的在室温能使用的各种器件。美国威斯康星大学马克斯·G. 拉加利（Max G. Lagally）等人最早制造出可容纳单个电子的量子点，在一个针尖上可容纳几十亿个这样的量子点。利用量子点可制成体积小、耗能少的单电子器件。此外，若能将几十亿个量子点连接起来，每个量子点的功能相当于大脑中的神经细胞，再结合微电子机械系统方法，可为研制智能型微型电脑提供基础框架。

四、纳米科技的发展和未来

纳米科技汇聚了化学、物理、生物、材料等多学科领域在纳米尺度的焦点科学问题，已经逐步成为集交叉性、引领性和支撑性的前沿研究领域。纳米科技的发展深刻影响了现代科学的进程，成为支撑多学科发展的重要引擎；纳米科技在能源环境、生物医药、信息器件和绿色制造等领域的应用日益凸显，成为变革性产业制造技术的重要源头。过去近二十年中，世界各国和科学组织相继发布和实施纳米科技研究和发展计划，极大地推动了纳米科技的全面和快速发展。得益于对纳米科技领域的持续重视，中国正成为推动纳米科技发展的核心力量之一。

中国科学院院长白春礼在《2019 科学发展报告》中指出，根据数字科学（Digital Science）的 Dimensions 数据库，比较了中国、美国、日本、德国、韩国、英国、法国、澳大利亚八个纳米科学研究大国从 1990 年到 2018 年的纳米科学出版物的增长情况，中国的增长最为明显，中国的纳米科学期刊论文数量从 1990 年的 14 篇增加到 2018 年的 70 600 多篇，真正的腾飞则发生在 21 世纪的头十年。从 2010 年到 2018 年，中国关于纳米的论文数量增加了58 000多篇。2011 年，中国的纳米科学研究产出跃居世界第一位。伴随着基础研究的发展，纳米科学已应用在越来越多的产业领域，目前可以看到纳米产业的发展已经聚焦在纳米合成、纳米表征、纳米器件和信息技术、纳米医学和纳米诊断、纳米技术和能源、绿色纳米技术等方面，并形成了各自特有的产业链。中国已成为纳米技术研究产出的主要贡献者。如何把这些研究成果转化为颠覆性的产业应用技术，将是中国未来纳米技术发展的重要课题。根据2018 年全球纳米技术市场分析，预计到 2024 年，纳米技术对于世界经济的贡献将超过 1 250 亿美元。同时在人工智能的助力下，纳米技术将会释放更多的潜能，或将在可持续农业、智慧城市、数字化生活中发挥越来越重要的作用，相信纳米科技将会成为打造我们美好生活的重要推动力。

参考文献

[1] LI J Z，MA W J，SONG L，et al. Superfast-response and ultrahigh-power-density electromechanical actuators based on hierarchal carbon nanotube electrodes and chitosan. [J]. Nano Letters，2011，11（11）：4636.

[2] LEE H，LEE B P，MESSERSMITH P B. A reversible wet/dry adhesive inspired by mussels and geckos [J]. Nature，2007，448：338-341.

第二章　纳米超疏水性材料实验探索

　　人们在自然界中，发现水滴落在荷叶上很容易滚落下来，滚落过程中会带走污垢，起到自清洁的作用，这种现象被称为"荷叶效应"。除荷叶之外，在其他一些植物或动物身上也发现过类似的现象，但是又有一些不同之处。例如，水滴在荷叶上比在玫瑰花瓣上更容易滚落下来，在玫瑰花瓣上，水滴很容易保持液滴状态，却很难滚落下来，即使翻转花瓣，水滴仍然能够保持在花瓣上，人们把这种现象称作"玫瑰花瓣效应"。"荷叶效应"和"玫瑰花瓣效应"是如何产生的呢？对人类科学发展又有何启发意义呢？科研工作者们做了大量的研究，并从仿生学的角度模拟植物表面，研制出了大量的超疏水性材料，如用于汽车挡风玻璃的纳米抗污自清洁材料、纳米自清洁纺织品、雾水收集材料等。

一、自然界的超疏水现象

（一）荷叶效应

"荷叶效应"是如何产生的呢？为了研究"荷叶效应"的产生原理，科学家们做了大量的研究工作。荷叶表面随机分布有大大小小的乳突，小的乳突大小为 $6\sim8\ \mu m$，高度为 $11\sim13\ \mu m$，平均间距为 $19\sim21\ \mu m$。在这些微小乳突之中还分布有一些较大的乳突，大小为 $53\sim57\ \mu m$，它们是由小的微型突起聚在一起构成的（图 2-1）。乳突的顶端呈扁平状且中央略微凹陷。这种乳突结构无法用肉眼观察，需要用扫描电子显微镜才能观察到，被称为多重纳米和微米级的超微结构。这些大大小小的乳突在荷叶表面上犹如一个挨一个隆起的"小山包"，"小山包"之间的凹陷部分充满空气，在紧贴叶面上形成一层纳米级厚的空气层。而水滴最小直径为 $1\sim2\ mm$（$1\ mm=1\ 000\ \mu m$），与荷叶表面上的乳突相比要大得多。当雨水落到叶面上后，空气层对水滴起到托举的作用，使水滴无法进入纳米间隙，只能与叶面上"小山包"的顶端形成几个点的接触，从而不能浸润到荷叶表面上。此外，荷叶表面覆盖了一层疏水性蜡质结晶物，具有极低的固体表面能，其自发吸附污垢或尘埃以降低表面能的趋势较弱。因此，当水滴在荷叶表面发生滚动时会附着尘埃和污垢，从而达到自清洁的效果，也就是"荷叶效应"。

图 2-1　荷叶效应

（二）玫瑰花瓣效应

"玫瑰花瓣效应"（图 2-2）与"荷叶效应"同样具有超疏水性，但不同之处在于玫瑰花瓣表面的水滴不会轻易滑落，具有一定的黏性，即使翻转花瓣，水滴仍然能够粘在花瓣表面。为什么会有如此不一样的现象呢？早在 2008 年，清华大学的科学家就对其进行了深入的研究。他们发现玫瑰花瓣表面有大量的微乳突，相比于荷叶表面乳突的随机分布，玫瑰花瓣表面的乳突是有规则排布的，它们的平均直径为 16 μm、平均高度为 7 μm。同时在规则排列的微乳突顶部，有疏水性表皮褶皱，宽大约为 730 nm。相比于荷叶表面的微观结构，玫瑰花瓣表面不但乳突的尺寸要更大一些，而且其乳突顶部的褶皱宽度也远大于荷叶的乳突顶端的尺度。这就导致了玫瑰花瓣表面乳突的间隙较大，使其凹陷部分保留空气的能力明显低于荷叶，无法托举水滴。这些层次结构提供了足够的超疏水粗糙度及较高的表面接触角（约为 152°），同时又与水有较强的附着力。由于表面张力的作用，花瓣表面的水滴是球形的，所以即使花瓣翻转过来，水滴也不会掉下来。

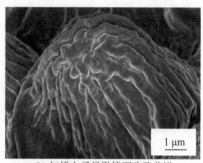

(a) 扫描电子显微镜下玫瑰花瓣
表面图像(10 μm)

(b) 扫描电子显微镜下玫瑰花瓣
表面图像(1 μm)

(c) 花瓣表面水滴形状

(d) 翻转时花瓣表面的水滴形状

图 2-2　玫瑰花瓣效应

二、表面张力和表面活性剂

无论是"荷叶效应"还是"玫瑰花瓣效应"，水滴在其表面都保持了球形形状，这正是由液体的表面张力导致的。

液体上存在沿表面的收缩力作用，且该力只存在于液体表面。这种在液体表层中使液面尽可能收缩成最小的宏观张力被称为表面张力，具体表现为：液体表面有收缩到最小的趋势；液面像紧绷的弹性薄膜。

（一）表面张力的产生

1. 从分子力学角度来分析

液体分子在液体内部和界面上所处的环境是不同的。如图 2-3 所示，在液体内部 P 点任取一分子 A，以 A 为球心，以分子有效作用距离为半径作一球，称为分子作用球。球外分子对 A 无作用力，球内分子对 A 的作用对称分布，分子 A 所受合力为零。从表面层中 Q、R、S 点任取一分子，其分子作用球一部分在液体外，空气密度比水小，破坏了表面层的分子受力的球对称性。因此，其所受合力与液面垂直并指向液体内部，这使得表面层内的分子与液体内部的分子不同，都受到一个指向液体内部的合力，称为净吸力。越靠近液体表面，受到的净吸力越大。在净吸力的作用下，液体表面的分子有被拉进液体内部的趋势，在宏观上就表现为液体表面有收缩的趋势。

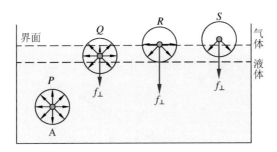

图 2-3　液体内部分子和液体表面分子分布示意图

2. 从能量角度来分析

液体内部的分子被移到表面层而形成新的表面时，表面积变大，同时需要克服净吸力做功。外力做功，分子的势能增加，也就是说，液体表面层内的分子势能比液体内部的分子势能大，表面层为高势能区。当一个体系的势能越小时，系统越稳定，所以表面层内的分子有尽量挤入液体内部的趋势，即液面有收缩的趋势，这种趋势在宏观上就表现为液体的表面张力。因此，表面张力也被定义为增加单位面积所消耗的功，即表面能。

对于荷叶和玫瑰花瓣表面的水滴来说，要保持体系的势能最小，就需要使得水滴的表面积最小。对于一定体积的水滴来说，保持球体形状才能使表面积最小，这也是荷叶和玫瑰花瓣表面的水滴都是球体的原因。

3. 表面张力系数

在液面上画一条直线段，如图 2-4 所示，线段 MN 两侧液面均有收缩的趋势，即表面张力作用。这个力与液面相切，与线段垂直，指向各自的一方，分别用 $\boldsymbol{F}$ 和 $\boldsymbol{F}'$ 表示，是一对作用力与反作用力，$\boldsymbol{F} = -\boldsymbol{F}'$。由于线段上各点均有表面张力作用，线段越长，合力越大。设线段长为 Δl，则 $\Delta F = \gamma \Delta l$。其中 γ 为表面张力系数，表示液体表面单位长度直线段上的表面张力，单位为 N/m。

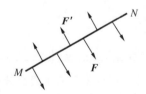

图 2-4　液体表面张力分析图

（二）表面张力系数的测量方法

液体表面张力的测试方法有很多，可以分为静态法和动态法。静态法有毛细管上升法、吊环法、吊片法、最大气泡压力法、滴重法和滴体积法。动态法有旋滴法、振动射流法。

下面以吊环法为例具体介绍表面张力的测试过程。吊环法通常用铂丝做成圆环，将圆环浸入液面，启动表面张力测试仪（图 2-5）使圆环慢慢上升，当圆环逐渐脱离液面时，表面张力测试仪会显示一个最大值，仪器将自动记下最大值。表面张力最大值与拉起液体的重力相等。液膜有内外两面，因此表面张力作用的线段长度即为 $4\pi R$，由此可得到

图 2-5　表面张力
测试仪

$$F = mg = 4\pi R\gamma \qquad (2-1)$$

式中，m 是拉起液体的质量；R 是圆环的半径。由式（2-1）可以得到式（2-2），即液体的表面张力为

$$\gamma = \frac{F}{4\pi R} \qquad (2-2)$$

（三）表面活性剂

表面活性剂是一类在很低浓度即能大大降低溶剂（一般为水）表面张力（液-液界面张力）、改变体系的表面状态，从而产生润湿和反润湿、乳化和破乳、分散和凝聚、起泡和消泡及增溶等一系列作用的化学物质。

不论何种类型的表面活性剂都是由性质不同的两部分组成的。一部分是由疏水亲油的碳氢链组成的非极性基团，另一部分是亲水疏油的极性基团。这两部分分别处于

表面活性剂分子两端，为不对称分子结构（图 2-6）。表面活性剂的疏水基团一般为由 8～20 个碳原子组成的烃链，而亲水基团一般为羧基、磺酸基、硫酸酯基、氨基、酰胺基和羟基等。

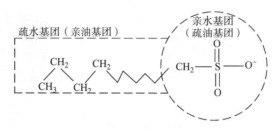

图 2-6　典型的表面活性剂结构

根据分子组成特点和极性基团的解离性质，可将表面活性剂分为离子表面活性剂和非离子表面活性剂。离子表面活性剂按照其在水中生成的表面活性离子种类，又可以分为阴离子表面活性剂、阳离子表面活性剂和两性离子表面活性剂三大类。

根据表面活性剂在水中的溶解性能，可将其分为水溶性表面活性剂和油溶性表面活性剂。

根据表面活性剂相对分子质量的大小，可将其分为高分子表面活性剂（相对分子质量大于 10 000）、中分子表面活性剂（相对分子质量为 1 000～10 000）、低分子表面活性剂（相对分子质量为 100～1 000）。常用的表面活性剂一般都是低分子表面活性剂。中分子表面活性剂有聚醚型的，即聚氧丙烯和聚氧乙烯缩合的表面活性剂。高分子表面活性剂，如聚乙烯吡咯烷酮、壳聚糖、聚乙二醇等，在分散或絮凝性能方面有特别的表现。

　　表面活性剂对水的表面张力的降低作用可以理解为：
表面活性剂分子在水溶液表面定向排列（图 2-7）；表面活
性剂的亲水基团受到水分子向下的吸引力，由于亲水基团
的极性弱于水分子，因此亲水基团和水分子间的吸引力弱
于水分子之间的吸引力；同时较大体积的亲油基团可以与
更多的空气分子接触，因此亲油基团受到空气分子向上的
吸引力要强于空气分子与水分子的吸引力；在亲水基团和
亲油基团的共同作用下，水溶液表面分子受到的净吸力降
低，从而降低了水溶液表面分子自发缩小的趋势及水溶液
的表面张力。

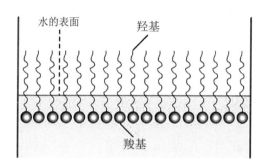

图 2-7　脂肪酸分子在水溶液表面定向排列

三、润湿与接触角

　　要解释清楚"荷叶效应"和"玫瑰花瓣效应"，还需
要了解润湿和润湿角的概念。水滴和荷叶表面接触时能否
润湿荷叶？从热力学的观点来看，也就是在恒温恒压下，
体系的表面自由能是否降低。对于固–液接触时体系的表
面自由能 ΔG，其表达式为

$$\Delta G = \gamma_{液-固} - \gamma_{气-液} - \gamma_{气-固} \qquad (2\text{-}3)$$

$\Delta G < 0$ 是液体润湿固体的条件，也就是说，液体可以自发地取代固体表面的空气。但是 $\gamma_{气-固}$ 和 $\gamma_{液-固}$ 很难测定，因此很难来定量地表示固体表面的润湿程度。1805 年，英国科学家托马斯·杨在研究润湿和毛细现象时描述了界面张力和接触角（图 2-8）的定量关系，发现可通过测量接触角的大小来表征润湿程度。

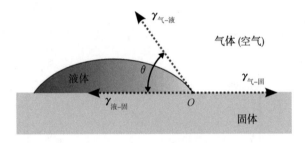

图 2-8　接触角示意图

液体在固体表面形成液滴，达到平衡时在气、液、固三相交点处作气-液界面的切线，此在液体一方的切线与固-液交界线之间的夹角 θ，即为接触角，它是衡量润湿程度的量度。

平衡时，各界面张力在 O 点处的合力为零，可以得到界面张力和接触角之间的关系式。

$$\gamma_{气-固} = \gamma_{液-固} + \gamma_{气-液} \cos\theta \qquad (2\text{-}4)$$

式（2-4）被称为杨氏方程，适用于均匀表面和固液间无特殊作用的平衡状态。将式（2-4）代入式（2-3），可以得到

$$-\Delta G = \gamma_{气-液} + \gamma_{气-液} \cos\theta = \gamma_{气-液} (1+\cos\theta) \quad (2\text{-}5)$$

从式（2-5）可知，θ 越小，$-\Delta G$ 越大，液体越容易取代固体表面的空气，润湿固体表面。

① 当 $\theta = 0$ 时，$-\Delta G$ 最大，此时液体完全润湿固体表面，在固体表面铺展成一层薄层。

② 当 $\theta < 90°$，固体表面部分被润湿或较易被润湿。

③ 当 $\theta = 90°$，是润湿与否的分界线。

④ 当 $\theta > 90°$，固体表面不易被润湿。

⑤ 当 $\theta = 180°$，$-\Delta G$ 最小，此时固体表面完全不润湿，液滴可以在固体表面以球体的形式存在。

在一定温度下，水在蜡上的接触角约为 110°，在荷叶上的接触角大于 140°，在玫瑰花瓣上的接触角约为 152°，均表现出良好的疏水性能。

四、固体表面能

"荷叶效应"和"玫瑰花瓣效应"与其表面的微观结构和液体的表面张力均有关，荷叶和玫瑰花瓣表面的性质也同样影响着其润湿性能。自然界中很多具有疏水作用的植物表面的化学组成都为蜡。在 20 ℃下，固体石蜡的表面张力约为 25.4 mN/m，远低于水的表面张力。由此可见，物质的润湿性能与液体、固体的表面张力密不可分。固体的表面张力可以在一定程度上代表固体表面能的大小。

一般来说，液体的表面张力低于固体的临界表面张力，液体可以在固体表面铺展开来。对于荷叶来说，水滴的表面张力约为 70 mN/m，远远大于荷叶的表面张力，此时荷叶表面张力低于水滴的表面张力，水滴由于表面张力的作用缩成球体，无法在荷叶表面铺展。固体的临界表面张力越小，固体的表面状态越稳定，能在其表面铺展的液体越少。从这点来说，可以通过降低固体的临界表面张力来达到疏水的效果。

五、超疏水表面材料的研究进展

科研工作者们从自然界的"荷叶效应"和"玫瑰花瓣效应"中受到启发，从仿生的角度来尝试制备超疏水表面材料，主要从微观结构和化学组成两个方向展开研究：一是通过超疏水材料表面改性以提高其微观结构的粗糙度，在材料表面形成微米、纳米级的粗糙结构，减少液体和固体表面的接触点，同时保持空气层的滞留；二是通过降低材料的表面能，从而降低固体分子和液体分子间的吸引力，以保持固体的表面的稳定性。

微/纳米粗糙结构和低表面能截留空气并托起液滴来实现材料表面超疏水性。然而，微/纳米粗糙结构在机械载荷下会产生极高的局部压强，使其易碎、易磨损。2020年电子科技大学在 *Nature* 杂志上发表文章，该文章基于全新思路，首次通过去耦合机制将超疏水性和机械稳定性拆分成两种不同的结构尺度，并提出微结构"铠甲"保护超疏水纳米材料免遭磨损的概念（图2-9）。结合浸润性理论和机械力学原理分析得出微结构设计原则，利用光刻、

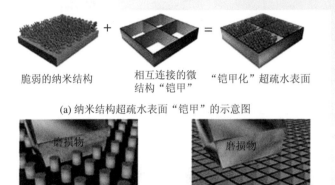

脆弱的纳米结构　　相互连接的微　　"铠甲化"超疏水表面
　　　　　　　　　结构"铠甲"

(a) 纳米结构超疏水表面"铠甲"的示意图

(b) 无"铠甲"纳米结构磨损示意图　　(c) "铠甲"的纳米结构磨损示意图

图 2-9　疏水材料表面的"铠甲"结构设计[1]

冷/热压等微细加工技术将"铠甲"结构制备于硅片、陶瓷、金属、玻璃等普适性基材表面，与超疏水纳米材料复合构建出具有优良机械稳定性的"铠甲化"超疏水表面。该工作在集成高强度机械稳定性、耐化学腐蚀和热降解、抗高速射流冲击和抗冷凝失效等综合性能的同时，还为高透光率的玻璃"铠甲化"表面应用于自清洁车用玻璃、太阳能电池盖板、建筑玻璃幕墙创造了必要条件。研究人员将该表面应用于太阳能电池盖板，实现了表面依靠冷凝液滴清除尘埃颗粒的自清洁方式（图 2-10），为少雨地区提供自清洁太阳能电池的解决方案。基于玻璃"铠甲化"表面的自清洁技术可巧妙地利用雨水或雾滴消除粉尘、鸟类粪便等污染，能够长期维持太阳能电池高效的能量转换，并节省传统清洁过程中必需的淡水资源和劳动力成本。该文章创新的设计思路和通用的制造策略展示了"铠甲化"超疏水表面非凡的应用潜力，必将进一步推动超疏水表面进入广泛的实际应用。

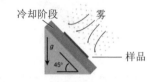

(a) 雾中"铠甲"的超疏水表面自清洁

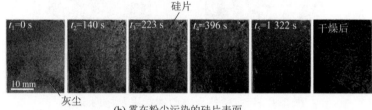

(b) 雾在粉尘污染的硅片表面

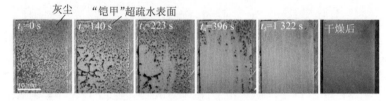

(c) 雾在粉尘污染的"铠甲化"超疏水表面

图 2-10　超疏水自清洁表面[2]

受到"荷叶效应"的启示，超疏水纺织品以其独特的自清洁、抗玷污等性能，广泛应用于运动休闲面料、厨房用布、帐篷、防护服等领域。如何通过纺织品表面的结构设计和低表面能修饰使其像荷叶一样自清洁，并且在遭遇特殊的化学环境、强光或物理摩擦时仍然不失去超疏水性能，制造耐用、坚固的超疏水织物已成为学术研究的热点之一。研究人员在聚对苯二甲酸乙二醇酯（Polyethylene Terephthalate，PET）纤维表面先用浓碱进行刻蚀，表面引入大量羟基，然后通过表面原子转移自由基聚合的方法在 PET 纤维表面聚合甲基丙烯酸三氟乙酯单体，得到了优异疏水性能的织物。其制备过程及效果如图 2-11 所示。

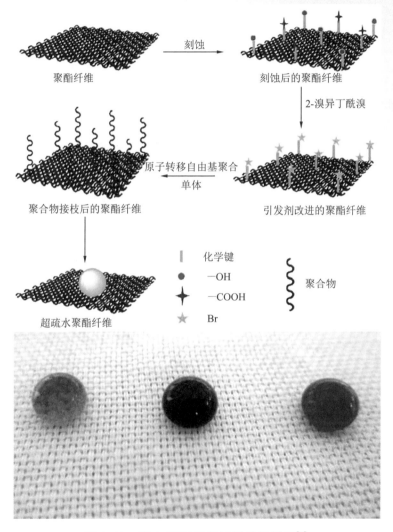

图 2-11　疏水 PET 制备过程及效果图[3]

通过控制聚合时间，可以系统地调节 PET 织物的疏水性。得到的超疏水织物即使暴露在不同的化学物质，如酸、碱、盐、丙酮和甲苯下，也表现出优异的化学稳定性。重要的是，织物在 2 500 次磨损循环、100 次洗涤循环及长时间暴露在紫外线照射下仍保持超疏水性。改性后织物的超疏水性具有良好的耐紫外线、耐化学腐蚀、耐机械洗涤和耐磨损的性能。重要的是，超疏水织物的表面表现出良好的防污性能。该方法可能适用于其他疏水单体来制备超疏水织物，通过疏水物质和基材之间的化学结合来生成持久和坚固的超疏水表面。

演示实验一 **表面张力测试**

📢 实验目的

（1）了解表面张力的含义。

（2）了解表面活性剂的含义。

（3）了解生活中常用的几种日化产品对水的表面张力的影响。

📢 实验原理

（1）通过测量砝码的质量，计算拉力，测定液体的表面张力，具体见式（2-2）。

（2）表面活性剂是一种在很低浓度即能大大降低溶剂（一般为水）表面张力（或液-液界面张力）、改变体系的表面状态，从而产生润湿和反润湿、乳化和破乳、分散和凝聚、起泡和消泡及增溶等一系列作用的化学物质。日常生活中的肥皂、洗衣液、洗洁精和洗手液等都含有大量的表面活性剂。

📢 实验材料

门形铁丝、砝码、棉线、水、洗手液、洗洁精、洗衣液、铁架台。

实验步骤

（1）测量门形铁丝的宽度，按照图 2-12 所示搭载好实验装置。

（2）将门形铁丝浸润到水中，在未放置砝码时，移动砝码端棉线，使天平平衡。

（3）缓慢添加砝码，门形铁丝被逐渐拉起，在其刚离开液面时，与液面之间形成一层水膜。

（4）继续缓慢添加砝码，待水膜破裂后，记录砝码的质量；重复上述步骤 3 次，取平均值。

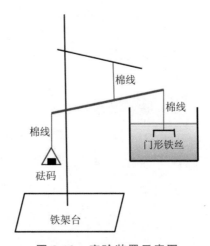

图 2-12　实验装置示意图

演示实验二　**纺织品疏水处理**

实验目的

（1）了解疏水作用的原理。

（2）了解不同处理条件对疏水作用的影响。

实验原理

表面处理一般通过两个途径实现：一是提高材料表面微观结构的粗糙度；二是降低材料的表面能。利用含氟有机整理剂对纺织品进行处理后，可以显著降低织物表面能，使得材料临界表面张力大大降低，远远低于水的表面张力，从而起到疏水作用。

实验材料和设备

防水整理剂、聚酯织物、烧杯、纯水、烘箱。

实验步骤

（1）取一定量的聚酯织物，用纯水润湿后拧干。

（2）将聚酯织物充分浸渍在防水整理剂中，在轧车上二浸二轧后取出。

（3）在一定温度下将聚酯织物用小型定型机烘干。

（4）检验疏水效果。

思考题

（1）联系实际生活，列举自然界中还有哪些植物或动物有超疏水现象？

（2）什么是表面张力？生活中有哪些现象与表面张力有关？

（3）常用的制备超疏水表面的方法有哪些？

参考文献

[1] LIN F, ZHANG J N, XI J M, et al. Petal effect：A superhydrophobic state with high adhesive force [J]. Langmuir，2008，24（8）：4114-4119.

[2] WANG D H, SUN Q Q, HOKKANEN M J, et al. Design of robust superhydrophobic surfaces [J]. Nature，2020，582（7810）：55-59.

[3] XUE C H, GUO X J, MA J Z, et al. Fabrication of robust and antifouling superhydrophobic surfaces via surface-initiated atom transfer radical polymerization [J]. ACS Applied Materials& Interfaces，2015，7（15）：8251-8259.

第三章　纳米抗菌材料的应用

健康的生存环境是人类追求的目标，因此，如何清除危害人类健康的环境微生物一直是人们关注的重点。抗菌技术是抵御有害微生物侵蚀人类，从而维持生命的有效手段。纳米颗粒是具有独特的表（界）面效应、量子尺寸效应、小尺寸效应和宏观量子隧道效应的粒子。纳米抗菌材料在纺织、塑料、陶瓷、家电、医学等领域的成功应用及其广阔的应用前景，使其成为科学家的研究热点之一。

一、抗菌材料简介

抗菌是指一个广义的概念，包括灭菌、杀菌、抑菌、防霉、防腐等。抗菌材料是指能够杀灭微生物或抑制微生物生长的材料。广义的抗菌剂一般也被称为微生物抑制剂，它包含狭义的抗菌剂、抗霉剂、灭藻剂、消毒剂等。

人类从很早就开始使用抗菌材料。远古时代的人们就已经认识到银有抗菌作用，用银制和铜制容器留存的水不宜变质，后来富人吃饭时习惯使用银筷子。截止到今天，银制品餐具仍因有抗菌作用而被大量使用。药物抗菌技术最早可追溯至几千年前埃及的木乃伊和中国西汉马王堆汉墓出土文物，其包裹物均经过处理以达到抗菌防腐的效果。1928 年，英国微生物学家亚历山大·弗莱明（Alexander Fleming，图 3-1），在培养葡萄球菌的琼脂平板上发现青霉菌菌落周围的葡萄球菌菌落无法生长，进一步研究发现了青霉素，为人类打开了认识抗生素的大门。随后逐渐发现其他种类抗生素如链霉素、红霉素、氯霉素、金霉素等，抗生素的高效杀菌使其成为对抗细菌感染的有力武器。近一个世纪以来，抗生素的使用在医学和健康方面取得了显著的成就。但抗生素的过度使用不仅会导致微生物抗性的产生，还会造成严重的环境污染。

图 3-1　英国微生物学家亚历山大·弗莱明

抗菌材料一般分为无机抗菌材料、有机抗菌材料和天然抗菌材料。

无机抗菌材料主要包括银、铜、锌、汞、镉、镍、铅等金属，此外，还有氧化锌、氧化铜、磷酸二氢铵、碳酸锂等无机抗菌剂。其中，汞、镉、铅等金属虽然具有抗菌能力，但对人体有害；锌有一定的抗菌性，但其抗菌强度仅为银的千分之一。无机抗菌材料与天然抗菌材料、有机抗菌材料相比，具有无二次污染、耐高温、耐酸碱、耐洗涤和抗菌持久性等优点。

有机抗菌材料主要有季铵盐类、酚醚类、吡啶类、咪唑类、酰基苯胺类、噻唑类、异噻唑酮衍生物、双胍类、有机金属等，这类抗菌材料的优点在于杀菌速度快、抗菌性能高，部分抗菌材料具有无毒、加工方便且颜色稳定性好等特点。但是有机抗菌材料也有一些缺点，如耐热性能差、易产生耐药性、易分解有毒产物。

天然抗菌材料主要来自天然植物的提取，如桧柏、芦荟、艾蒿、芥末、蓖麻油、山葵等；动物类的天然抗菌材料有甲壳质、壳聚糖和昆虫抗菌性蛋白等；矿物类的天然抗菌材料有胆矾、雄黄等。天然抗菌材料使用简便，但抗菌作用有限，耐热性较差，杀菌率低，且受加工条件的限制，目前无法实现大规模市场化应用。

21 世纪科技高速发展，纳米科学和纳米技术也在快速发展中。值得注意的是，纳米技术在抗菌应用方面取得了显著成效。将抗菌材料制备成纳米级抗菌材料，再与抗菌载体通过一定的方法和技术制备成具有抗菌功能的材料。抗菌载体是指与抗菌金属离子形成无机复合物或稳定的有机螯合物，从而使抗菌离子稳定地保留在产品上，并可通过缓慢释放以延长抗菌效果的一类物质。通常会选用有孔洞或层状结构的多孔物质作为载体，如沸石、活性炭、不溶性磷酸盐类、硅胶及树脂类等。纳米抗菌材料除了具有纳米材料的特性（如具有较大的比表面积等）之外，还具有高度的稳定性、广谱高效的抗菌活性，以及不易产生耐药性菌株等优良特性，因而逐渐受到人们的关注。

根据材质来源，纳米抗菌材料可分为天然纳米抗菌材料、无机纳米抗菌材料（如纳米银抗菌剂、纳米金抗菌剂、纳米二氧化钛抗菌剂）和有机纳米抗菌材料（如季铵盐纳米抗菌材料）。无机纳米抗菌材料具有无机材料固有的高稳定性、优异的抗菌性，对人体安全性高的特点，已成为抗菌材料研究的主流。

二、天然抗菌材料的应用

天然抗菌材料作为天然色素，可用于食品、化妆品、药品及纺织品的着色。在用于纺织品染色时，其被称为天然染料。这些天然抗菌材料不仅具有染色功能，同时还能赋予织物一定的抗菌性能。天然染料一般用于天然纤维织物的染色，如棉、麻、蚕丝、羊毛等。根据天然染料结构和性能的差异，其对纺织品的染色方法主要有直接染料染色法、媒染染色法、还原染色法等。直接染料染色法是指一些相对分子质量较大、带有弱负电性基团的天然染料通过弱的范德华力、氢键和离子键等作用力，对带有正电荷的羊毛和蚕丝等蛋白质纤维直接染色。媒染染色法是指采用金属离子作为媒染剂（染料通过某种媒介物上染于织物而达到染色目的所用的物质），通过纤维和染料分子与金属离子之间形成的配位键，使染料上染到纤维上。根据加工顺序的不同，媒染染色法又分为预媒染法（先媒后染）、同浴媒染法和后媒染法（先染后媒）。还原染色法主要用于靛蓝等还原性天然染料的染色，不溶性的靛蓝先经还原形成可溶性隐色体，上染纤维后再氧化为靛蓝本身，从而固着在纤维上，完成染色。

　　远古时代，人们用植物直接作为棉、麻、丝、毛等织物的染料时发现，染料附着力不强，颜色暗淡。但当在染色过程中加入金属离子形成配合物后，染料的牢固度大大增加，且能呈现出鲜艳的颜色。这是因为没有配合物存在时，染料分子和织物大分子上的羟基或氨基只能以氢键或范德华力相连，当形成配合物后，其中金属与染料以配位共价键连接或沉积在织物上，并将光吸收移至可见区，使光吸收增强。当使用金属络合物做媒染剂时，其媒染原理是以金属离子为中心，分别与染料和纤维大分子上的羟基、氨基或羧基等结合，生成配位化合物（图3-2），从而使染料、金属和纤维结合。如图3-3所示为染料、金属及纤维素的作用机理。

染料	+	金属离子	+	纤维素
Dye-COOH		Al		Cellulose-OH/Cellulose-NH$_2$-OH
配位体		中心离子		配位体

图 3-2　媒染形成的配位化合物

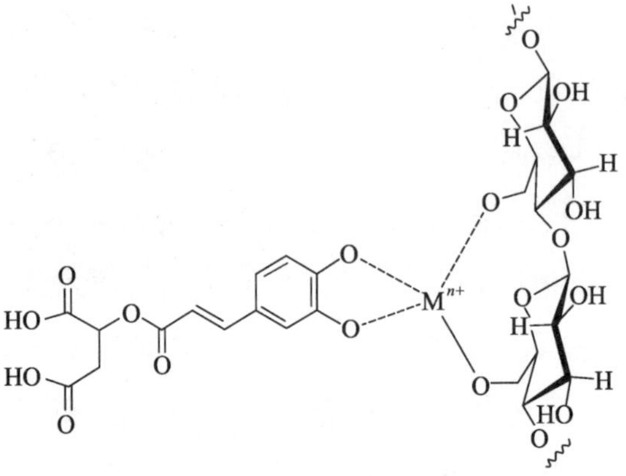

图 3-3　染料-金属-棉纤维的作用机理

　　茜草对金黄色葡萄球菌、白葡萄球菌和肝炎双球菌在一定程度上具有抑制作用，茜草中的有效成分噻茜草素具有抗真菌、细菌和病毒作用。我国应用茜草染色的历史悠久。诗经中就有"茹藘在阪""缟衣茹藘"的记载，其中，"茹藘"指的是茜草，用茜草的根和黏土（主要成分为氧化硅与氧化铝，还包含少量镁、铁、钠、钾和钙）或白矾（十二水硫酸铝钾，又称明矾）制成牢固度很高的红色染料，即存在于茜草根中的 1，2-二羟基-9，10-蒽醌与黏土或白矾中的铝离子（Al^{3+}）和钙离子（Ca^{2+}）生成的红色配合物对织物有很强的附着力。这是最早的媒介染料，后来被称为茜素染料。在长沙马王堆一号汉墓出土的绢地"长寿绣"丝绵袍（图 3-4）的红色底色，经化验分析即是由茜素和媒染剂白矾多次浸染而成的。

图 3-4 马王堆出土的绢地"长寿绣"丝绵袍

有研究者从乌桕叶、艾叶和樟树叶中提取天然媒染剂，其中的单宁（图 3-5）、异泽兰黄素和叶绿素是天然媒染剂的主要成分。研究表明，这些天然媒染剂不仅能达到很好的染色效果，还能赋予纺织品抗菌性能。

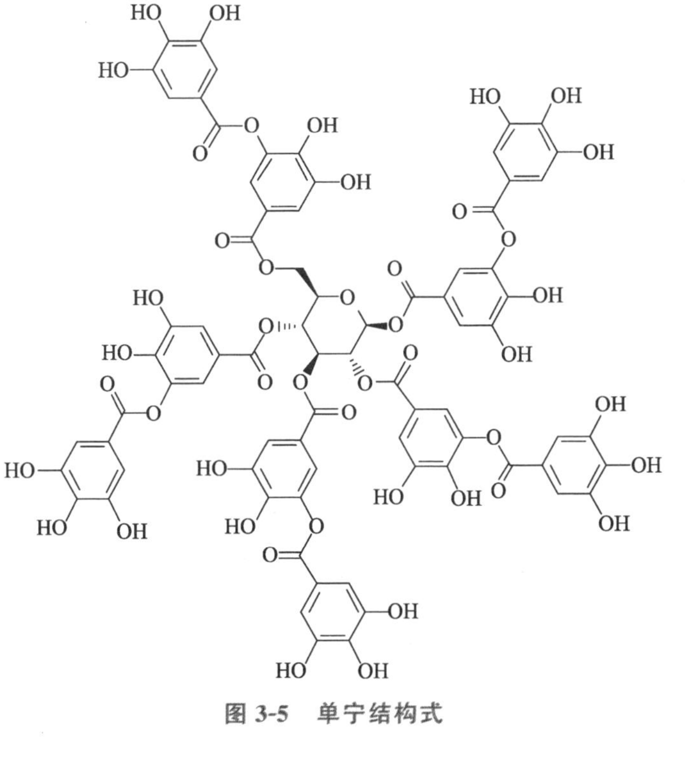

图 3-5 单宁结构式

天然抗菌染料应用于传统印染行业，在染色过程中不需要加入大量的盐碱，减少了传统印染行业水污染，降低了工厂对于后期废水处理的成本；另外，利用天然染料抗菌性能上的优势，可开发高性能、高附加值的纺织品，为传统印染行业转型做出一定贡献。

三、纳米抗菌材料的制备技术

以无机纳米材料为载体，负载某一金属离子，利用物理和化学方法相结合可生产无机纳米功能材料。主要的载体为天然沸石、磷酸锆等。

根据将抗菌离子导入纳米级载体结构中的方式的不同，可以将纳米抗菌材料的制备方法分为两种，分别是后期添加法和本体加入法。后期添加法是在已有的无机材料上负载抗菌离子，具体可分为离子交换法、络合-被覆法等。

（一）离子交换法

离子交换法是用抗菌金属离子与载体中起平衡电价作用的钠、钾、钙等阳离子相交换，从而赋予载体抗菌功能。具体的方法包括浸渍交换法、树脂柱交换法等。此法适用于一切结构中存在可交换阳离子的无机载体，如架状硅酸盐（沸石）、层状硅酸盐（黏土矿物）及磷酸盐等内部存在丰富空穴或孔道的矿物。

沸石（又称分子筛）是一种多微孔的硅酸盐或硅铝酸盐晶体，是由硅氧四面体或铝氧四面体通过氧桥键相连而形成分子尺寸大小（通常为 $0.3\sim2\ nm$）均匀的内部孔道和空腔体系。图 3-6 是沸石的结构示意图，其纳米空隙和孔道决定了其对分子尺度的吸附物具有强烈的吸附性和吸附选择性；另外，四面体中铝置换硅呈现电价不平衡而导致补偿正电荷需要，这些孔道和空腔常被碱金属或碱土金属离子及水分所占据，并由此形成离子交换柱，其骨架结构中的金属离子 Na^+、K^+、Mg^{2+} 可以被 Ag^+ 等金属阳离子交换，将 Ag^+ 引入沸石结构进行改性。

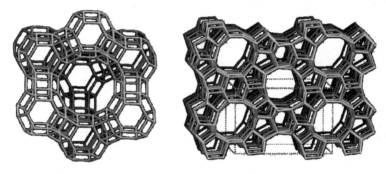

图 3-6　沸石的结构示意图

（二）络合-被覆法

络合-被覆法是将抗菌金属离子与络合剂络合，然后通过一定的物理或化学方法赋予产品抗菌性能的方法。例如，通过抗菌金属离子与络合剂硫代硫酸钠等络合，然后用硅胶吸附带负电的络合金属离子或金属离子，干燥后用溶胶-凝胶法在其表面涂覆一层二氧化硅膜来获得抗菌产品。

通过络合-被覆法可制备出图 3-7 中氧化石墨烯/银络合抗菌材料，其中 $HO\text{-}R_x\text{-}NH_2$ 为氧化石墨烯片段，R_1 为烷基或芳基。将银与有机或无机络合物结合形成小分子，再结合氧化石墨烯来增强其稳定性，并通过其缓释性来延长抗菌性能。抗菌材料的制备步骤如下：① 先将氧化石墨烯粉末分散在去离子水中，经超声充分剥离得到氧化石墨烯分散液，再向其中加入具有大 π 键的水溶性有机物（如 N-甲基吡咯烷酮、吡咯烷酮、吡啶等），然后经超声充分混合。② 将硝酸银溶于水中，再向其中加入亚硫酸钠或柠檬酸钠，反应得到银络合物。③ 将氧化石墨烯水溶液与银络合物混合，反应结束后，通过过滤去除沉淀。

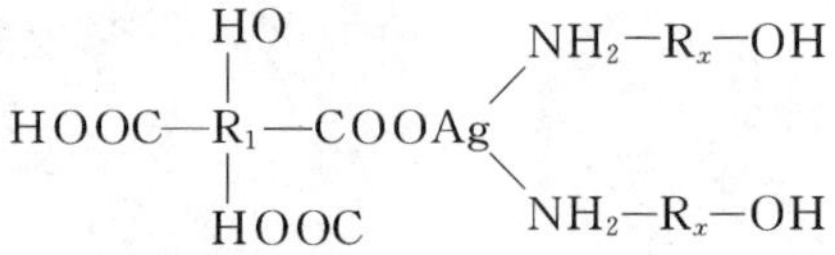

$$HOOC-R_1-COOAg \begin{array}{c} HO \\ \\ HOOC \end{array} \begin{array}{c} NH_2-R_x-OH \\ \\ NH_2-R_x-OH \end{array}$$

图 3-7　氧化石墨烯/银络合抗菌材料结构式

（三）本体加入法

本体加入法是指以抗菌离子作为原料之一参与纳米级载体的纳米抗菌材料合成的方法。该法主要应用于可溶性玻璃抗菌材料的制备，即在成分设计时将银盐作为原料的一部分，按照制造玻璃的一般方法制得玻璃抗菌材料。此外，载银羟基磷灰石的制备也可以通过在原料中加入抗菌金属离子来实现。

此法主要适用于制备过程中不影响本身性能或抗菌性能的材料。在制备抗菌医用高分子材料时，将抗菌剂作为填料加入本体材料中具有一定的局限性。这一方法不仅影响医用高分子材料本身的加工性能，还会因为加工温度过高，造成抗菌剂的分解，从而影响抗菌性能。

四、常见的纳米抗菌材料

（一）纳米银

银（Ag）为第五周期第一副族金属元素，该金属呈白色光泽，延展性能好，物理、化学性质较稳定。在自然界中，有单质银的存在，但大部分是以化合物的形式存在于银矿石中。纳米银（"银钠米颗粒"的简称，下同）是指粒径尺寸范围在 1～100 nm 的单质银，纳米银又包括片状结构、棒状结构、线状结构及球形结构等多种结构。纳米银具有广谱抗菌性，一种抗生素仅可以杀死几种病原体，而纳米银能杀死包括真菌、霉菌和细菌等在内的几百种微生物。

如前段所述，人类使用银的历史悠久。在古罗马时代，银容器被罗马贵族们用来盛装饮用水及酒类。在中国古代，人们已经发现金属银具有加速伤口愈合、预防感染、净化水质和防腐保鲜的功效，同时它也可以抑制细菌生长，游牧民族习惯用银器保存牛奶，以此来防止牛奶变质。但是在其漫长的使用历史中，人们并不知道是什么原因使得银制品能够保存食物或预防疾病。直到以细菌为代表的微生物被科学家们发现，人们才了解其中的原因。

近年来，由于抗生素的滥用，导致细菌出现耐药性，人们对纳米银作为抗菌剂的兴趣不断地提高。

研究表明，纳米银的抗菌机制包括与细胞膜作用改变其渗透性的颗粒抗菌、银离子溶出反应抗菌和氧化产生活性自由基破坏细菌结构抗菌三个方面。

（1）通过纳米效应，直接破坏细胞膜。纳米银吸附在细胞壁表面，通过抑制细胞壁表面肽聚糖的合成，进而破坏细胞壁完整性，使细胞壁失去对细菌的保护作用，导致细菌死亡；纳米银可穿过细胞壁聚集在细胞膜表面，破坏细胞膜通透性，影响其呼吸代谢功能，使细胞内容物丢失。纳米银还可与细菌外膜上的脂质结合，抑制耐药菌的感染。

（2）纳米银氧化释放银离子（Ag^+），银离子进入细菌细胞内与其蛋白质中的巯基（$-SH$）、氨基（$-NH_2$）等含硫、氨的官能团发生反应（图3-8），阻止蛋白质和酶的合成，破坏细胞膜或细胞原生质中酶的活性。银离子还可通过核膜进入细胞核内，改变松散的 DNA 结构，导致 DNA 团聚，形成团块，影响 DNA 的复制及转录。如图3-9所示为相关学者在纳米银与常用抗生素复合抗菌作用机理研究中做出的纳米银与四环素协同抗多重耐药沙门氏菌细胞的抗菌途径示意图，四环素-纳米银复合物与沙门氏菌细胞的相互作用更强，导致更多的 Ag^+ 释放，从而在细菌细胞壁附近产生短暂的高浓度 Ag^+，导致细菌生长受到抑制。途径Ⅰ中，协同释放出高浓度 Ag^+，这是细胞死亡的主要原因；途径Ⅱ中，纳米银释放的 Ag^+ 为细胞死亡的次要原因；途径Ⅲ中，因沙门氏菌耐药而无效。

（3）纳米银在水或空气中自行分解出自由电子（e^-）和空穴（h^+），空穴激活空气中的氧产生活性氧自由基，活性氧自由基可与生命大分子物质及细胞壁发生作用，使类脂中的不饱和脂肪酸发生过氧化，导致细胞膜结构被破坏，并能够氧化蛋白质，因此，其具有广泛杀灭微生物（包括细菌、芽孢、病毒、真菌等）的作用。

图 3-8　银离子抗菌机理

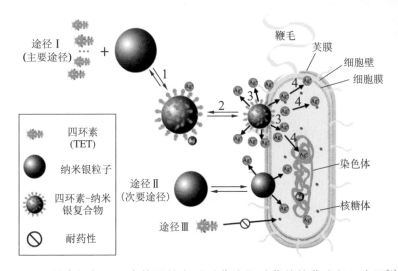

图 3-9　纳米银与四环素协同抗多重耐药沙门氏菌的抗菌途径示意图[1]

　　纳米银的粒径大小是影响其抗菌性的重要因素。研究表明，较小的粒径能够明显增加纳米银的比表面积，能更有效地释放银离子。

　　无机纳米抗菌材料中使用的金属离子多限于对人体安全的银、铜、锌等几种。金属离子对细菌的抗菌效果和对人体的危害程度如下：

　　抗菌效果：$As^{5+} = Sb^{2+} = Se^{2+} > Hg^{2+} > Ag^+ > Cu^{2+} > Zn^{2+} > Ce^{3+} = Ca^{2+}$

危害程度：$As^{5+} = Sb^{2+} = Se^{2+} > Hg^{2+} > Zn^{2+} > Cu^{2+} > Ag^+ > Ce^{3+} = Ca^{2+}$

Ag^+对原核生物（细菌）有毒性，而对真核生物细胞无毒性作用，一般用量不高于 0.5 $\mu g/mL$（1h）即可灭菌，其抗菌能力在可安全使用的几种金属离子中最强，Ag^+对 12 种革兰氏阴性菌、8 种革兰氏阳性菌、6 种霉菌均有强烈的杀灭作用。因此，银离子抗菌剂在无机抗菌材料中占有主导地位。

目前，纳米银因其具有广谱杀菌性、高可塑性和低成本性，已被广泛地应用于多种日常用品中。

（二）纳米二氧化钛（TiO_2）

纳米二氧化钛（TiO_2），亦称钛白粉，为白色疏松粉末，具有抗紫外线、抗菌、自洁净、抗老化性能。纳米TiO_2是光催化抗菌材料，在紫外线的作用下可长久杀菌。实验证明，以 0.1 mg/cm^3 浓度的锐钛型纳米 TiO_2 可彻底地杀死恶性海拉细胞，而且随着超氧化物歧化酶（Superoxide Dismutase，SOD）添加量的增多，TiO_2 光催化杀死癌细胞的效率也提高。对枯草杆菌黑色变种芽孢、绿脓杆菌、大肠杆菌、金色葡萄球菌、沙门氏菌、牙枝菌和曲霉的杀灭率均达到 98% 以上；用 TiO_2 光催化氧化深度处理自来水，可大大减少水中的细菌数；在涂料中添加纳米 TiO_2 可以制造出杀菌、防污、除臭、自洁的抗菌涂料，将其应用于医院病房、手术室及家庭卫生间等细菌密集、易滋生细菌的场所，防止感染、除臭、除味。

光催化杀菌是指光催化材料在接受紫外光或可见光照

射之后，吸收特定波长的光子，电子发生能级跃迁，形成光生载流子（电子和空穴），价带空穴是强氧化剂，而光生电子具有强还原性，被激发的电子会同吸附在其表面的氧气作用，产生超氧阴离子（$\cdot O_2^-$）、羟基自由基（$\cdot OH$）和过氧化氢（H_2O_2）。这些活性氧具有较强的氧化活性，可与生物大分子如蛋白质、DNA 和脂质等反应，破坏其结构与功能，最终引起细菌失活。其作用机理如下：

$$TiO_2 + h\nu \longrightarrow e^- + h^+$$

$$h^+ + H_2O \longrightarrow \cdot OH + H^+$$

$$e^- + O_2 \longrightarrow \cdot O_2^-$$

$$\cdot OH + O_2^- + 细菌 \longrightarrow CO_2 + H_2O$$

除此之外，羟基自由基（$\cdot OH$）使 DNA 链中碱基间的磷酸二酯键断裂，导致 DNA 分子断裂，从而破坏 DNA 分子的双螺旋结构，同时细胞内部的 DNA 复制及细胞膜代谢被中断。其作用机理如下：

$$DNA + \cdot OH \longrightarrow HO\text{-}DNA \xrightarrow{\cdot O_2^-}$$

$$HO\text{-}DNA\text{-}OO \xrightarrow{\cdot H_2O} HO\text{-}DNA\text{-}OOH$$

光催化材料主要为半导体、金属有机骨架（metal-organic framework，MOF）和金属氧化物（二氧化钛、氧化锌等）等。

纳米 TiO_2 具有较高的热稳定性、低成本、低毒性及较高的光催化活性等优点，但是根据抗菌原理可知，TiO_2 必须是在有紫外光的照射、氧气或水存在的条件下才能发挥抗菌作用，因此限制了材料在人体内的进一步应用。为了克服紫外光在哺乳动物组织中较低的穿透力，国内相关学者以黑色 TiO_2（$D-TiO_2$）-Au 为核心，在外部修饰上转换纳米晶体（UCNs）壳结构形成一个有效的近红外（NIR）活性光催化系统（图 3-10）。该体系的核心是优化的 $D-TiO_2$/Au 组合在可见光区域具有强光催化活性，这是由黑色 TiO_2 上的 Au 表面等离子体共振实现的。该体系不仅可以利用近红外光催化产生活性氧，还可以促进药物的缓释，并且对于耐药菌同样具有灭活作用，即使在药物释放之后依旧可以通过光催化产生活性氧来实现杀菌效果。这种策略突破了传统紫外光的局限性，大大拓宽了 TiO_2 的应用领域。

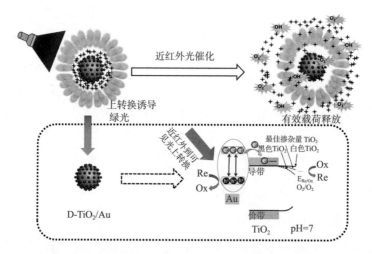

图 3-10 黑色 TiO_2-Au@ UCNPs 纳米体系的合成与光催化示意图[2]

（三）纳米碳材料

纳米碳材料是指分散相尺度至少有一维小于 100 nm 的碳材料。分散相既可以由碳原子组成，也可以由异种原子（非碳原子）组成，甚至可以是纳米孔。纳米碳材料主要包括三种类型：碳纳米管、碳纳米纤维、纳米碳球。纳米碳材料具有较高的光热转换效率、较好的生物相容性等优势，可用作光热抗菌材料。所谓光热抗菌即光热材料在接受一定波长的激光照射以后跃迁到激发态，由于激发态的不稳定性，处于激发态的部分激发电子又会回到基态，而通过非辐射弛豫方式产生热量。局部产生的热能引发细菌内蛋白变性及膜通透性改变，并最终导致细菌死亡。光热治疗具有很多其他抗菌方法无法比拟的优势，比如可以应对耐药菌、具有较深的生物组织穿透性、具有较小的毒性及能够从时间和空间上实现精准控制等。

四川大学高分子科学与工程学院的程冲研究员、赵长生教授研究团队及华西医院的马朗副研究员联合报道了一种具有近红外（NIR）响应和尺寸可变的金属有机骨架（MOFs）衍生的纳米碳材料可用于局部化学光热抗菌和伤口消毒。在该研究中，首先合成了具有化学光热抗菌能力的MOFs衍生的纳米碳化物。其次涂覆热响应凝胶层（TRGL）以获得用于细菌捕获的ON-OFF转换能力。其中，制备的纳米碳化物在NIR照射下表现出高效的光热转换能力及从纳米分散体到微米聚集体的快速尺寸转变，因而使得纳米碳化物能够局部产生大量的热量，并利用掺杂的Zn^{2+}以直接破坏细菌膜和细胞内蛋白质，其抗菌机理见图3-11。这种纳米碳化物不仅在非常低的剂量下表现出接近100%的抗菌率，还表现出与万古霉素相当的高效且安全的伤口消毒性能。总之，这种新型的纳米碳化物具有强大的局部化学光热抗菌能力，并且在广谱抗菌领域具有很大的应用。

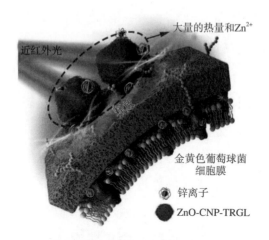

图 3-11　ZnO-CNP-TRGL 纳米碳化物的抗菌机理示意图[3]

　　基于石墨烯的纳米材料种类繁多，并且对细菌的作用不一，近年来，石墨烯的抗菌机理主要围绕机械包裹、边缘切割、氧化应激和磷脂抽提这几个理论：① 机械包裹是指石墨烯会通过包裹的方式将细菌同周围介质隔离，细菌不能吸取营养，从而抑制细菌生长。② 边缘切割是指石墨烯因片层结构而具有锋利的边缘，可对细菌进行物理切割，破坏细菌的细胞膜，降低膜电位或使电解质泄漏，从而抑制细菌生长。③ 氧化应激是指经氧化后的石墨烯表面含有大量的含氧官能团，可产生活性氧簇（ROS），引起氧化应激，扰乱细菌代谢进程，从而抑制或杀死细菌。④ 磷脂抽提是指石墨烯具有大比表面积和疏水性，可以有效地通过接触或嵌入方式吸附结合细菌表面的磷脂分子，从而破坏其细胞膜结构，导致细菌死亡。

　　埃博拉和 COVID-19 等疾病的暴发，严重影响了全球人类健康。近期研究表明，外科口罩可有效地防止有症状个体病原体的传播。然而，口罩的不当使用和处置会带来较高的传播风险。除安全问题外，环境污染和口罩原料供应短缺也是疾病暴发时需要面对的两个主要问题。为了解决上述问题，南开大学化学学院、香港科技大学和香港城市大学有关团队通过激光诱导石墨烯（LIG）技术，开发了一种 LIG 抗菌口罩，其与传统口罩相比，抑菌率提高到约 81%。结合光热效应，在 0.75 kW/m² 的太阳光辐照下，10 分钟内杀菌率可达到 99.998%。LIG 技术是一种使用普通红外 CO_2 激光器将基材转化为多孔石墨烯的技术，基材可以是常见的聚合物聚酰亚胺（PI）、聚醚砜树脂等，抑或是生物质材料木头、A4 纸等，这极大地解决了口罩原料供应短缺的问题。此外，通过对激光参数的精细控制，可实现 LIG 表面特性的精确调控，从而制备出以呼吸为动力的湿气发电器件。细菌或大气悬浮颗粒在 LIG 上的附着会改变 LIG 的表面特性，影响湿气诱导产生的电势，据此可判断口罩的污染状况（图 3-12）。LIG 材料的抗菌性和光热增强的杀菌能力提高了口罩的使用安全性，从而确保口罩的保护效果。

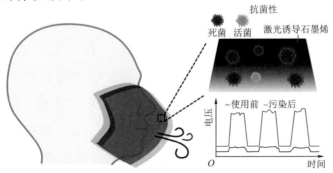

图 3-12　LIG 抗菌口罩的抗菌机理[4]

五、纳米抗菌材料应用现状

随着人们健康意识的提高，纳米抗菌产品不断进入人们的日常生活。例如，现在市场上出现的纳米抗菌洗衣机、抗菌冰箱、抗菌保暖内衣、抗菌鞋袜等，极大地丰富了人们的物质生活，提高了人们的生活质量。纳米抗菌材料是近几年研制开发的一类新型保健抗菌材料，是纳米科技和抗菌技术研究的重点。

纳米抗菌复合材料在日常生活中的应用越来越广泛。以抗菌纤维或抗菌纺织品为例，在纤维中添加抗菌剂或在织物上涂覆具有抗菌性能的涂料，就可杀灭细菌，切断纺织品传递微生物的途径，阻止致病微生物在纺织品上的繁殖，消除因细菌分解织物上的污染物而产生的臭味。另外，还有抗菌塑料和抗菌洁具，将纳米抗菌材料作用于塑料、陶瓷等材料制备成纳米复合材料，这些纳米复合材料被赋予长期抗菌、杀菌的功能。

今后对于纳米抗菌材料的研究方向主要有以下几个方面：① 制备和使用过程中的分散技术（特别是规模分散技术）。② 与其他纳米材料或非纳米材料的复合添加技术，若表面包覆后可更好地应用于抗菌、消毒等领域，如抗菌塑料及制品、家电制品、厨房用品、医疗卫生、玩具、电子通信等。③ 纳米氧化锌的涂层技术，如何根据纳米氧化锌的特性设计出几种性能的涂层，如与树脂（或其他物质）复合（或制作）作为静电屏蔽涂层、紫外线反射涂层、红外线吸收涂层等。

　　纳米抗菌材料具有不同于宏观复合材料的许多优异性能，如耐热性高、使用方便、化学性能稳定、抗菌的光谱长效及对人体安全无害等，使得纳米抗菌材料广泛应用于建材、陶瓷洁具、纺织品、塑料等众多领域。但在抗菌材料研究方面也具有一定的局限性，如对抗菌机理、纳米抗菌材料的负面影响缺乏全面的认识，抗菌剂种类有限等。但随着科研人员研究的不断深入，以上问题终将会得到答案，纳米抗菌材料也必将在医药、日用、化工、建材等各个领域发挥越来越重要的作用。

演示实验一

氧化石墨烯-银纳米复合材料的抗菌实验

🖙 实验原理

银纳米颗粒是一类广谱的纳米抗菌材料，对革兰氏阳性菌和阴性菌都具有很好的抗菌效果。银纳米颗粒能够很好地负载于其他树枝状、片状、球状等纳米材料上。同时，银纳米颗粒能够很好地合成纳米复合材料，被应用到抗菌领域。

通过氧化石墨烯负载银纳米颗粒，得到氧化石墨烯（GO）-银纳米（AgNPs）复合材料，用于抗金黄色葡萄球菌的研究。

🖙 实验材料和设备

酶标、加热磁力搅拌器、超纯水机、离心机、高压灭菌锅、温控摇床、显微镜、紫外灯、烧杯、量筒、枪头、离心管、96孔板、培养基、蛋白胨、氯化钠（NaCl）、酵母粉、琼脂糖、氧化石墨烯、硝酸银、柠檬酸钠、金黄色葡萄球菌、生理盐水、PBS溶液。

🖙 实验步骤

1. GO-AgNPs 复合材料的制备

取 0.8 mL 浓度为 4.12 mg/mL 氧化石墨烯水溶液和

2 mL硝酸银溶液（含 72 mg 硝酸银），依次置于 200 mL 水溶液中，加热煮沸，再加入柠檬酸钠 80 mg，煮沸 1 h 后冷却至室温，用超纯水离心洗涤多次，加入水溶液得到 GO-Ag 纳米复合材料溶液。

2. 细菌的培养

本实验采用金黄色葡萄球菌作为研究对象。

首先，配制液体培养基：称取 10 g 蛋白胨、5 g NaCl 和 5 g 酵母粉，溶于 1 L 纯化水中，高温灭菌，密封备用。将枪头、10 mL 离心管、培养基、生理盐水置于高压灭菌锅中，旋松培养基与生理盐水盖子，在 121 ℃ 的高温下灭菌 30 min，取出后将培养基与生理盐水盖子旋紧，于室温下冷却至 55 ℃ 左右备用；将培养皿及灭菌后的枪头、10 mL 离心管置于超净台中，开紫外灯照射 30 min 以上。

其次，在超净台中用洁净的接种环挑取一个单克隆菌落置于 1 mL 的 Luria-Bertani（LB）培养基中，在 37 ℃ 恒温摇床上振荡过夜。然后按 1∶100 将菌液重新接种到新鲜的 LB 培养基中，继续培养 2 h，直到菌液在 600 nm 波长处的吸光度（OD_{600}）达到 0.5，此时的细菌处于生长旺盛的对数期①，后面实验均采用对数期的菌液（OD_{600}＝0.5）进行实验。

3. 细菌活力检测

MTT 法又称 MTT 比色法，是一种检测细胞是否存活

———————

① 对数期是指在微生物培养了一定数量后，微生物的数量会大量增长，因为此时的培养皿中营养物质充足，微生物的增殖以对数的方式增加，此期间，培养皿中的微生物个数以恒定的几何级数大量增加，消耗大量营养物质。

和生长的方法。其检测原理为活细胞内线粒体中的琥珀酸脱氢酶能使外源性 MTT 还原为不溶于水的蓝紫色结晶甲臜（Formazan）并沉积在细胞中，而死细胞无此功能。二甲基亚砜（DMSO）能溶解细胞中的甲臜，用酶标仪在 570 nm 波长处测定其光吸收值，可间接反映活细胞数量。在一定细胞数范围内，MTT 结晶形成的量与细胞数成正比。该方法已广泛用于一些生物活性因子的活性检测、大规模的抗肿瘤药物筛选、细胞毒性试验及肿瘤放射敏感性测定等。

实验分实验组与对照组。实验组：将对数期（$OD_{600}=0.5$）的菌液按 1：10 重新分别接种到含 2 $\mu g/mL$、5 $\mu g/mL$、10 $\mu g/mL$ GO-AgNPs 复合材料的 LB 培养基中，置于 37 ℃恒温摇床振荡培养，2 h 后，将菌液重新稀释一定倍数，每孔 100 μL 依次加入 96 孔板中，在每孔中加入 20 μL MTT，37 ℃恒温培养箱避光培养 3～5 h，待甲臜充分形成后，每孔再加入 120 μL 的 DMSO 置于摇床上振荡溶解，用多功能酶标仪检测 570 nm 波长下的吸光值。对照组实验使用同种步骤，对照组为未加 GO-AgNPs 复合材料处理组。所有实验均重复 3 次。

4. 细菌平板计数

菌落形成单位（Colony Forming Unit，CFU）是指在琼脂平板上经过一定温度和时间培养后形成的每一个菌落，是计算细菌数量的单位。通过 CFU 计数活菌数，可直观地看到细菌的存活数量。

首先配制好固体培养基，准备好 LB 平板：10 g 的蛋白胨、5 g 的 NaCl、5 g 的酵母粉和 15 g 的琼脂糖，溶于 1 L 纯化水中，高温灭菌，倾倒于无菌的培养皿中，冷却凝固，密封，置于冰箱冷藏备用。

实验分实验组与对照组。实验组：将对数期（OD_{600}＝0.5）的金黄色葡萄球菌菌液按 1 : 10 接种到 10 μg/mL GO-AgNPs 复合材料的 LB 培养基中，置于 37 ℃ 恒温摇床振荡培养 2 h 后，收集菌液，混匀。先取 100 μL 菌液用 1×PBS 溶液（pH＝7.2）进行梯度稀释。然后取 100 μL 稀释菌液均匀涂布在 LB 平板上。在无菌操作台放置 0.5 h 后，倒置于 37 ℃ 恒温培养箱中培养 10～16 h。取出平板，进行平板菌落计数并且拍照记录。对照组实验使用同种步骤，对照组为未加 GO-AgNPs 复合材料处理组。平板上菌落数乘以稀释倍数，即得到每毫升菌液中的总菌落数。

5. 实验结果分析

比较 MTT 法对不同浓度 GO-AgNPs 复合材料的抗菌效果，发现与对照组细菌相比，随着 GO-AgNPs 复合材料的浓度增加，细菌的活力递减。

与对照组比较经 GO-AgNPs 复合材料处理 2 h 后细菌存活数，得出合成的 GO-AgNPs 复合材料是否具有抗菌效果的结论。

演示实验二
茜草染料扎染织物抗菌性能测试

实验目的

（1）掌握金属螯合剂与棉纤维作用原理。

（2）了解茜草的抗菌性能。

实验原理

棉纤维（图3-13）与茜草根中染料（1，2-二羟基-9，10-蒽醌，图3-14）的结构中均含有能提供孤对电子的配位原子，与提供空价电子轨道的金属离子形成配位键，从而达到上染的目的。

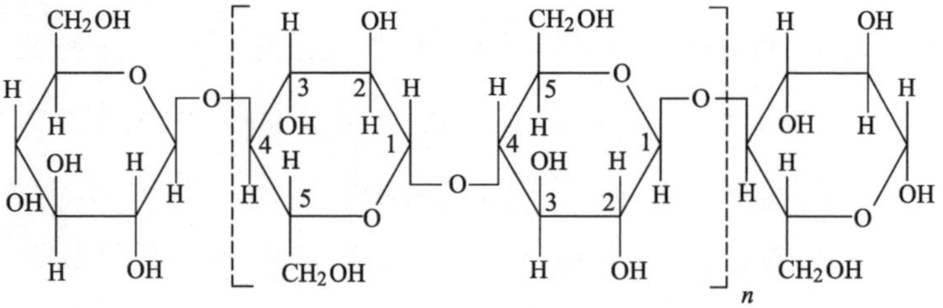

图 3-13　棉纤维的结构组成图

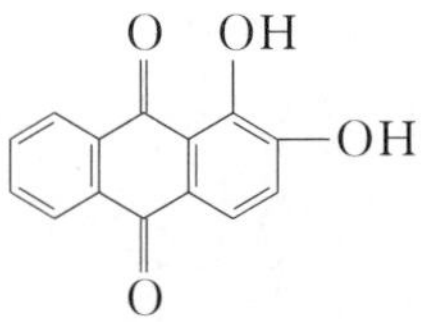

图 3-14　1，2-二羟基-9，10-蒽醌

本实验通过采用扎染的方式实现染色。扎染是一种通

过捆扎、缝扎和夹板等各种防染方法和工具进行制作的古老民间传统手工印染工艺。织物在染色时部分扎结起来，使之不能着色，达到防染的效果，而未被扎结部分均匀受染。扎染工艺分为扎结和染色两部分。它是通过纱、线、绳等工具，对织物进行扎、缝、缚、缀、夹等多种形式组合后进行染色。织物被扎得越紧、越牢，防染效果越好。扎染捆扎技法多，所以染成的图案较丰富，具有艺术魅力。

扎染的捆扎方式举例如图 3-15 所示。

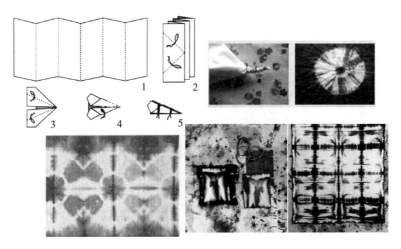

图 3-15 扎染的捆扎方式举例

➪ 实验材料和设备

茜草（粉末）、十二水合硫酸铝钾、氢氧化钠、金黄色葡萄球菌、固体培养基、500 mL 烧杯、玻璃棒、温度计若干。扎染工具：各种线、绳、带，不同大小的缝衣针，不同形状的薄板，各种夹具。

双列六孔电热恒温振荡水浴锅、电子天平（ME204）、电热恒温鼓风干燥箱（DHG-9146A）、紫外分光光度计。

实验步骤

1. 提取茜草色素

称取 100 g 的茜草粉末，加入水，浴比 1∶20（浴比是指浸染时织物与染液的重量比值，此处指茜草粉末与水溶液的重量比值），用氢氧化钠调节 pH 值为 9，85 ℃ 加热 90 min。重复上述操作 1～3 次，过滤待用。

2. 捆扎浸水

取方形棉布 10 g，自行创作出扎染的图案后，将织物完全浸湿，拧干水分待用。

3. 染色

将上述织物按以下染色工艺进行染色。

样品 1：茜草提取液 100 mL，十二水合硫酸铝钾 2 g/L，浴比 1∶50，90 ℃ 加热 50 min。

样品 2：十二水合硫酸铝钾 2 g/L，浴比 1∶50，90 ℃ 加热 50 min。

4. 水洗烘干

染色结束后，保持织物处于捆扎状态水洗 3 次，烘干。

5. 对比织物的抗菌性能

实验以金黄色葡萄球菌为研究对象。

实验分对照组与实验组。实验组：将对数期（OD_{600}＝0.5）的金黄色葡萄球菌菌液按 1∶10 接种到含样品 1 的片状织物的 LB 培养基中，置于 37 ℃恒温摇床振荡培养 2 h 后，收集菌液，混匀。取 100 μL 菌液用 1×PBS 溶液（pH7.2）进行梯度稀释。然后取 100 μL 稀释菌液均匀涂布在 LB 平板上。在无菌操作台放置半小时后，倒置于 37 ℃恒温培养箱中培养 10～16 h。取出平板，进行平板菌落计数并且拍照记录。对照组实验使用同种步骤，对照组加入样品 2 的片状织物。平板上菌落数乘以稀释倍数，即得到每毫升菌液中的总菌落数。

与对照组比较实验组的细菌存活数，得出茜草色素染色织物是否具有抗菌效果的结论。

⇨ 实验注意事项

（1）实验过程中务必规范佩戴口罩及手套，束起头发。

（2）实验需要在高温条件下反应，在实验过程中应注意安全，避免被烫伤。

思考题

（1）简述纳米抗菌材料的种类。

（2）简述常用的纳米无机抗菌材料的应用。

（3）对比各纳米抗菌材料的优缺点。

参考文献

［1］DENG H，Danielle M S，ZHANG Y，et al. Mechanistic study of the synergistic antibacterial activity of combined silver nanoparticles and common antibiotics［J］. Environmental Science & Technology，2016，50（16）：8840-8848.

［2］XU J W，LIU N，WU D，et al. Upconversion nanoparticle-assisted payload delivery from TiO_2 under near-infrared light irradiation for bacterial inactivation［J］. ACS Nano，2020，14（1）：337-346.

［3］YANG Y，DENG Y Y，HUANG J B，et al. Size-transformable metal-organic framework-derived nanocarbons for localized chemo-photothermal bacterial ablation and wound disinfection［J］. Advanced Functional Materials，2019，29（33）：1900143.

［4］HUANG L B，XU S Y，WANG Z Y，et al. Self-reporting and photothermally enhanced rapid bacterial killing on a laser-induced graphene mask［J］. ACS Nano，2020，14（9）：12045-12053.

第四章　纳米材料在光催化领域的应用

能源与环境问题是困扰人类文明进步的长久问题。目前来看，传统能源（如石油、煤炭、天然气等）日益枯竭，而且由于传统能源消耗导致的大气、水、土壤环境污染，使得人类生存环境逐渐恶化。近年来，人们对于新能源和良好生态环境的需求日渐增高。寻求高效、清洁、可持续的新能源和发展新型环境污染物处理技术已成为社会发展的重要目标之一。

一、光催化的发展

光催化技术可在太阳光照射下，通过氧化反应将水中的有机污染物降解为水和二氧化碳等，这是目前处理环境污染最有前景的技术之一，受到全世界环境治理和能源开发研究者的普遍关注。1972 年，日本科学家藤岛（Fujishima）和本田（Honda）将 TiO_2 薄膜作为电极，利用光能分解水而产生氢气的实验，开辟了半导体光催化这一新的领域。1976 年，约翰·凯里（John Carey）报道了 TiO_2 光催化氧化法应用于污水中的多氯联苯（PCBs）化合物的脱氯去毒。1977 年，横田（Yokota T）发现光照条件下，TiO_2 对丙烯环氧化具有光催化活性，拓宽了光催化应用范围，为研究有机物氧化反应提供了一条新思路。1985 年，松永（Matsunaga）等发现在金属卤灯发出的近紫外光照射下，TiO_2-Pt 电极具有杀菌效果，这一发现开创了用光催化方法杀菌消毒的先河。

在过去几十年里，TiO_2 作为一种高效的光催化剂一直备受关注。目前，最为常见的光催化材料是半导体材料（如 TiO_2、ZnO、CdS）、贵金属纳米材料（如 Au、Pt、Pd），以及碳材料（如碳点、C_3N_4）等。由于单纯的半导体材料载流子迁移率及利用率较低，光催化性能较弱，因此，研究者们采用各取其优势的办法，通常以半导体材料作为基底，加入少量的贵金属纳米材料，来获得高催化活性及环境友好型的基于半导体的复合光催化材料。

光催化具有非常多的优点：① 通过吸收太阳光来进行氧化还原反应，比起其他治理环境污染的方法更加节能和环保。② 光催化反应能产生高还原性的电子和高氧化性的空穴进行污染治理，快速达到理想的效果，具有高效性。③ 反应的中间产物乃至最终产物均是无毒无害的，具有环境友好型的特点，并在治理环境污染方面具有不可估量的作用。

二、光催化原理

光催化原理是基于光催化材料在光照的条件下吸收光子并受激发产生具有很强的氧化还原能力的光生电子-空穴对，从而达到将污染物中的有机物氧化降解或者将重金属离子还原等目的。光催化主要应用在废水处理、空气净化、水分解制氢/制氧、二氧化碳还原，以及灭菌与自清洁等方面。

（一）半导体能带理论

光催化剂在吸收光线的情况下，使得反应成分发生化学转变，其激发态能重复地与反应成分相互作用形成反应中间产物，并且自身能够在每一次相互作用后自行复原。

从能带基础理论来看，半导体的能带结构由一个充满电子的低能级价带（Valence Band，VB）和一个未填满电子的高能级导带（Conduction Band，CB）组成。价带和导带之间的区域内不存在任何电子能级，这一能态密度为零的能量区间叫禁带。导带和价带之间的能级差常用禁带宽度表示。对于半导体材料来说，价带上的电子不能够导电，只有当价带电子跃迁到导带而产生自由电子和自由空穴后才能够导电。因此，禁带宽度的大小实际上反映了价带电子被束缚的强弱程度，是产生本征激发所需要的最小平均能量，这是半导体材料最重要的一个特征参量（图 4-1）。

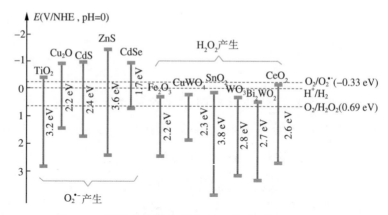

图 4-1　常见半导体光催化材料的能带结构示意图

（二）光催化过程

一般来说，光催化反应主要存在三个环节：① 半导体光催化剂在合适的光照条件下吸收能量，在光子能量的激发下半导体材料产生电子-空穴对。② 电子-空穴对迁移到催化剂表面与水反应，生成具有强氧化性的自由基（在这个过程中可能会发生"复合现象"）。③ 光催化剂将污染物吸附并富集在表面，与自由基反应实现降解。

具体来讲，光催化原理如图 4-2 所示。在光照下，能量大于半导体禁带宽度的光会将半导体激发，在其价带上的电子跃迁到导带，由此价带上留下带正电的空穴（h^+），导带上富集带负电的电子（e^-）。这些分离的光生 h^+ 和 e^- 会快速迁移到光催化剂表面的活性位点上，并诱发光催化反应。光生 h^+ 具有氧化性，可以与水反应生成 OH^-，接着 OH^- 与 h^+ 生成氢氧自由基（·OH）。·OH和 h^+ 都具有强氧化性，能够将污染物氧化降解为二氧化碳和水。同时，由于光生 e^- 具有还原性，因而可以与重金属离子或

者二氧化碳等污染物反应，将其还原为无毒无害产物或有
机烃类。另外，光生 e^- 也可以与反应体系中吸附的 O_2 反
应，生成超氧阴离子自由基负离子（$\cdot O_2^-$）。$\cdot O_2^-$ 接着
与水中 H^+ 反应生成超氧自由基（$HOO\cdot$）。$\cdot O_2^-$ 与
$HOO\cdot$ 也具有强氧化性，能将污染物氧化分解。

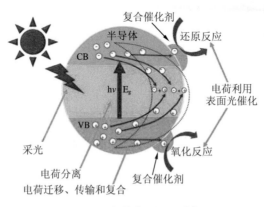

图 4-2　光催化原理图[1]

对于光催化过程来说：① 半导体要能够吸收足够强度
的光照，激发光的能量必须要大于或等于半导体的禁带宽
度，电子才能够从价带被激发到导带。② 另一个关键点是
电子-空穴对的迁移，既有可能迁移到污染物表面，也有
可能在迁移过程中使导带电子跃迁到价带与价带的空穴直
接复合，但只有迁移到表面的电子-空穴对，才能起到有效
光催化作用，"复合现象"大大降低了光催化效率。③ 溶液
中的反应物质在催化剂的表面要有良好的吸附能力。光催
化反应是在表面进行的化学反应过程，污染物分子必须被
吸附到催化剂的表面，才能够进行氧化或还原反应。因
此，要求催化剂表面具有足够多的吸附活性位点或较大的

比表面积，从而具备较强的捕获或吸附反应物分子的能力。

三、半导体光催化材料合成方法

制备半导体材料的方法分为物理法和化学法。物理法包括气凝法、机械合金法、热结晶法、分子束外延法等。采用物理法时，分子前躯体可以作为分子固体或在高温气相状态下参与反应。但是通过物理法较难准确地控制粒子尺寸、形貌及晶体取向。化学法包括气相法、液相法和固相法。相比于物理法，采用化学法则可以通过调节各个反应的实验参数，达到可控制备半导体材料的目的。在化学法中，液相法具有可以实现对纳米材料的组成维度、尺寸、形貌等因素有效可控制备的优点，因此应用更为广泛。液相法主要包括溶胶-凝胶法、水热法、微乳液法及微波法等。

四、二氧化钛光催化剂

二氧化钛（TiO_2）是 N 型半导体，常见的晶型有三种，分别是金红石型、锐钛矿型和板钛矿型。前两种晶型属四方晶系，第三种属斜方晶系。在自然界中，TiO_2 主要以金红石型和锐钛矿型存在，板钛矿型 TiO_2 比较少见，几乎不具有光催化活性。晶型结构的差异导致不同晶型的 TiO_2 具有不同的质量密度和电子能带结构，从而使得其表面结构、吸附特性及光化学现象都有所不同。金红石型 TiO_2 的质量密度略大于锐钛矿型 TiO_2 的质量密度。金红石型 TiO_2 的禁带宽度为 3.02 eV，锐钛矿型 TiO_2 禁带宽度为 3.18 eV。

TiO_2 光催化剂由于具有毒性低、成本低、光化学稳定性好、氧化还原性强等优势而被广泛应用。但是其禁带宽度较大（约为 3.2 eV），对光的吸收能力差，只能被波长较短的紫外光激发，而太阳光中紫外光仅占到 5%，因而，其对太阳光的利用率非常低。除此之外，TiO_2 光催化剂的另一个缺陷是光源激发产生的电子和空穴容易复合，这大大降低了光催化的效率。材料在反应结束后难以分离回收，也降低了催化剂的使用效率。这些都制约了 TiO_2 光催化材料的进一步发展和实际应用。

针对以上缺陷，可以通过三个途径提高光催化效率：① 通过元素掺杂、碳材料复合、贵金属沉积等方式，减小禁带宽度或使用光敏剂扩展激发波长。② 通过形成异质结（如 p-n 异质结）的方式，以减少电子–空穴的复合。③ 通过调控催化剂形貌或与多孔负载模板复合，促进正向反应的发生，且增加催化剂的反应活性，使更多的反应物能够被吸附。

TiO_2 作为研究广泛的光催化材料之一，在光催化领域的主要应用有光催化降解水体有机污染物、光催化 CO_2 还原、光催化产氢、光催化固氮和光催化杀菌等。

五、氧化亚铜光催化剂

为了更有效地利用太阳能，研究者们越来越重视对可见光（占太阳辐射总能量的 45%）响应的光催化剂的研究。氧化亚铜（Cu_2O）作为一种典型的金属缺位 P 型半导体材料，以空穴为载流子，其禁带宽度为 2.17 eV，具有可见光催化性能。同时其具有经济、环保、高效、对外界环境无二次污染的优良特性，有望替代传统光催化材料 TiO_2。海芮（M. Hara）等首次报道了 Cu_2O 光催化剂将太阳能转化为氢能，其在可见光下将 H_2O 分解为 H_2 和 O_2，其光催化活性在使用了 1 900 h 后仍没有明显下降。自此，科研工作者们对 Cu_2O 基光催化材料开展了深入的研究。

Cu_2O 是 Cu 的低价态氧化物，相对分子质量为 143.09，密度为 6.0 g/cm³，熔点为 1 232 ℃。自然界中的 Cu_2O 主要存在于红棕色的赤铜矿中，其热稳定性很好，加热到 1 800 ℃时才会发生分解反应，被还原为单质 Cu。Cu_2O 的合成大多采用模板法、液相法、水热法、电沉积法或溶剂热法。此外，也有采用超声法、辐射法和微波法等方法进行合成的。

Cu_2O 除了具有可见光催化活性外，还具有经济、环保、高效、对外界环境无二次污染等优良特性，因此，Cu_2O 存在巨大的应用潜能，有望替代传统的光催化材料 TiO_2 和 ZnO。然而，Cu_2O 光催化剂在应用中仍然存在着一些不足，如稳定性差、易发生光腐蚀、量子产率低等，制约了其发展。Cu_2O 光催化剂可以通过对形貌、晶型或掺杂的设计调控，阻止光生电子和空穴复合，使其快速转移至表面发生反应，在一定程度上提高了其光催化效率。通过引入外来金属、半导体、碳材料形成的 Cu_2O 基复合光催化剂可以凭借其组分间的协同效应，克服单一材料的固有缺陷，更进一步促进光催化性能的提升。复合光催化剂由于其高效性和成分多样性，备受人们的青睐。因此，对于 Cu_2O 基复合光催化剂的研究具有十分重要的意义。以 Cu_2O 为基底，将其与其他半导体材料、贵金属纳米材料或者碳材料复合，是提高其光催化效率甚至光响应范围的重要途径。

目前，已经有很多关于贵金属（如 Cu、Au、Ag、Pd 等）纳米材料提高 Cu_2O 光催化活性的研究。贵金属与 Cu_2O 复合材料主要分为两种类型：一种是贵金属纳米可以负载在 Cu_2O 材料表面，另一种是 Cu_2O 包覆贵金属的核壳材料。第一种类型的复合材料最为常见，比如在 Cu_2O 二十六面体上选择性负载 Cu 纳米颗粒，如图 4-3 所示，由八个 {111} 面、六个 {100} 面及 12 个 {110} 面组成。在得到的 Cu/Cu_2O 中，Cu 纳米颗粒只负载在八个 {111} 面上，而在 {100} 和 {110} 面没有形成 Cu 颗粒。Cu 具有良好的导电性，也可以作为良好的电子受体，接受来自 Cu_2O 的高能级导带的光激发电子，减少光诱导电子和空穴的复合，并增加对电子的生命周期，从而明显提高光催化效率。新型 Cu/Cu_2O 非均相体系对甲基橙的吸附和光降解性能优于原有 Cu_2O 体系。相对于价格昂贵的贵金属，Cu 具有来源广泛、成本低的优点，因而 Cu/Cu_2O 光催化剂的前景非常广阔。

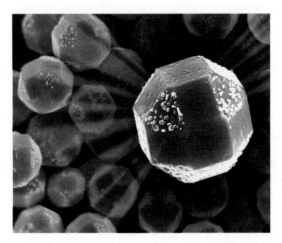

图4-3　Cu_2O 二十六面体上选择性负载 Cu 纳米颗粒[2]

六、氧化锌光催化剂

目前最常用的半导体光催化剂是 TiO_2 和 ZnO。TiO_2 被认为是稳定性最好，应用范围也最广的半导体光催化剂。但是 TiO_2 的生产成本较高，工艺复杂，限制了其在光催化领域的应用。ZnO 在室温下的禁带宽度为 3.37 eV，是一种典型的II-Ⅳ族金属氧化物半导体材料，因其独特的物理化学性质受到光催化领域研究学者的广泛关注（图4-4）。相比于 TiO_2，纳米 ZnO 具有更好的光催化活性，具有较低的制备成本；在光催化降解有机污染物中，ZnO 对紫外线光谱的吸收范围大于 TiO_2，且其电子迁移率也远高于

TiO₂，从而更有助于量子效率的提高；再者，ZnO 的价带位置比 TiO₂ 低，所产生的羟基自由基的氧化电位高于TiO₂。以上种种优势，使得 ZnO 降解污染物的光催化性能通常优于 TiO₂。但是，由于 ZnO 也具有较宽的禁带宽度，仅仅能被紫外光激发，导致其量子效率和光催化效率较低，大大限制了其对太阳光的利用率；易于溶解在强酸性、强碱性溶液及易于光腐蚀，限制了其广泛应用。

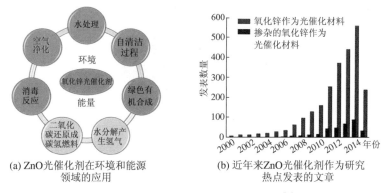

(a) ZnO光催化剂在环境和能源
领域的应用

(b) 近年来ZnO光催化剂作为研究
热点发表的文章

图 4-4 ZnO 光催化剂的广泛应用[3]

对 ZnO 光催化剂的优化策略有：① 离子掺杂，可通过金属离子、非金属离子、过渡金属离子及稀土掺杂等形式。掺杂元素能够进入半导体材料的晶体结构中，从而影响半导体材料的能带结构。② 通过形貌调控来对光催化剂颗粒尺寸、比表面积、缺陷态、晶面和电荷转移机制等方面产生影响，从而提高 ZnO 材料的光催化活性。③ 异质结复合（图 4-5），一种基体材料与其他半导体材料通过内部晶相界面交联或表面组装的方式产生紧密的接触，在材料内部形成电场，促进光生电子和空穴的分离和传递，提高活性位点参与氧化还原反应的能力，从而提高材料的光催化活性。

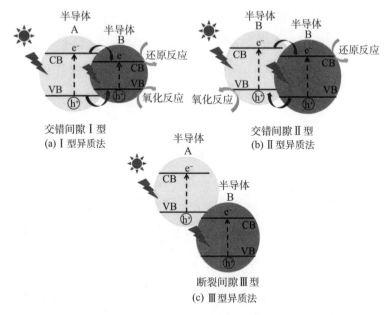

图 4-5　传统光响应异质结光催化剂下
三种不同类型的电子-空穴对分离示意图[4]

七、光催化剂研究进展

能源短缺和环境污染已成为全世界关注的焦点问题，作为解决这些问题中最具前景的半导体基光催化剂引起了全球研究者的极大兴趣。如果能够使辐射到地球上的可见光全部被利用起来，用以分解水产氢、产氧、抗菌或者完全清除水体中的污染物，这将具有极大的实用价值和现实意义。

天津大学封伟教授团队在理论计算与结构设计的基础上，通过精确控制锗、硅元素的含量，首次实现了锗和硅基二元二维材料的带隙调控，获得了一种全新材料——带隙可调的二维层状锗硅烷。这种新型的二维材料因兼具适宜带隙结构、宽光谱吸收、高比表面积和表面化学活性，而呈现出优异的光催化性能。实验结果显示：以该材料作为光催化剂，能够在常温条件下通过光照高效率产出氢气；利用该材料对CO_2进行光催化反应，还原出CO的效率能达到目前主流光催化材料的几十甚至数百倍以上（图4-6）。

图 4-6　锗硅烷光催化反应[5]

金属有机骨架化合物（MOFs）和石墨碳氮化合物（g-C_3N_4）在产氢、CO_2还原、Cr（VI）还原和有机污染物降解等方面表现出了出色的光催化性能。在过去的十年中，MOFs由于其金属中心和有机键的协同作用，其潜在的光催化应用受到越来越多的关注。然而，大多数MOFs仅在紫外光照射下才具有有效的光催化性能，这限制了其在可见光的广泛应用。此外，MOFs的导电性能差、稳定性差和电子空穴复合速度快等问题限制了其作为光催化剂的潜力。为了在可见光甚至太阳光辐射下进一步增强其光催化性能，人们将 MOFs 和 g-C$_3$N$_4$ 进行结合构筑了 g-C$_3$N$_4$/MOFs异质结用以克服其本身具有的光生电子-空穴对过快复合的缺点。如图 4-7 所示，Liu 等人开发了一种简便的水热法制备 g-C$_3$N$_4$/UiO-66 纳米复合材料（CNUO-x，x 表示制备体系中 g-C$_3$N$_4$ 的含量），用于在可见光照射下进行增强的光催化 RhB 降解。

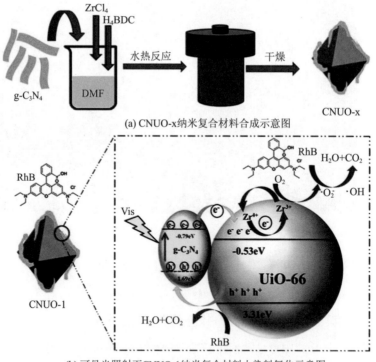

(a) CNUO-x纳米复合材料合成示意图

(b) 可见光照射下CNUO-1纳米复合材料上染料氧化示意图

图 4-7　可见光辐照和照射下 CNUO-1 纳米复合材料上染料氧化示意图[6]

在过去的几十年中，科研工作者们已开发出上百种新型金属化合物半导体光催化材料（金属氧化物、硫化物、氮化物、有机配合物等），但由于大多数都包含昂贵的稀有金属元素，因而科研工作者们又在非金属光催化剂的研究上展开了新的探索并取得了新进展：将 B 原子引入到二维石墨相氮化碳半导体，形成六方相的硼、碳、氮三元合金半导体光催化剂（h-BCN）（图 4-8）。研究表明，该 h-BCN 理化性质稳定，电子能带结构和表面性质独特，能在可见光下光催化分解水产氢、产氧及 CO_2 还原等。h-BCN 这种材料因其半导体能带结构（禁带宽度及价带导带位置）受各元素的组成、排布影响很大，可调变性强，并且材料结晶度高，光生载流子的迁移率高，有利于光生电荷的快速分离，所以在光催化领域有潜在的应用前景。在此基础上，利用 h-BCN 半导体光催化剂吸附钴离子，构筑不

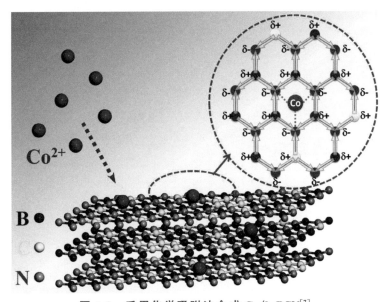

图 4-8 采用化学吸附法合成 Co/h-BCN[7]

含任何贵金属成分的光催化剂体系，在可见光照射下，将水分解成氢气、氧气。h-BCN 半导体材料由于 B-N 键的"lop-sided"效应，对金属离子具有很强的化学亲和性，科研工作者们利用此性质并结合其高比表面积的特性，制备出了一系列具有特殊性能的金属/h-BCN 杂化层状结构。研究结果表明，在钴离子镶嵌的 h-BCN（Co/h-BCN）杂化材料中，金属和载体之间的协同作用能有效促进光生载流子分离、降低反应活化能，进而提高光催化氧化水产氧性能。研究展示了利用廉价和地球高丰度元素构筑不含贵金属成分的纳米层状复合材料，有望将过渡金属催化和 h-BCN 光催化耦合，实现面向可持续能源转换的协同催化过程。

演示实验

纤维素气凝胶负载氧化亚铜
可见光光催化有机染料废液

实验目的

（1）了解光催化剂的催化原理。

（2）学习使用紫外-可见分光光度计。

（3）了解朗伯比尔定律。

实验原理

光催化技术可在太阳光照射下，通过氧化反应将水中的有机污染物降解为水和二氧化碳等，这是目前处理环境污染最有前景的技术之一，受到全世界环境治理和能源开发研究者的普遍关注。

实验材料和设备

甲基橙、氧化亚铜/纤维素气凝胶复合光催化剂、紫外-可见分光光度计。

实验步骤

（1）分别配制一系列浓度的甲基橙染料 25 mg/L、50 mg/L、75 mg/L 和 100 mg/L。

（2）配制甲基橙标准溶液，并使用紫外-可见分光光度计测试其吸光度，以浓度为横坐标，吸光度为纵坐标，绘制标准曲线。

（3）将一定量的光催化剂置于不同浓度的甲基橙染料中，并在 0 min、5 min、10 min、20 min、30 min、40 min、50 min、60 min 后吸取一定量染料，稀释若干倍后测定其吸光度。

（4）绘制染料初始浓度和催化效率曲线图。

？ 思考题

（1）光催化剂有哪些种类？联系日常生活讲讲光催化剂在日常生活中有哪些应用。

（2）光催化原理是什么？

（3）什么是价带和导带？什么是禁带宽度？

（4）查阅资料，讲讲如何提高氧化亚铜的光催化效率。

参考文献

[1] LI X, YU J G, JARONIEC M. Hierarchical photocatalysts [J]. Chemical Society Reviews, 2016, 45 (9): 2603-2636.

[2] SUN S D, KONG C C, YOU H J, et al. Facet-selective growth of Cu-Cu$_2$O heterogeneous architectures [J]. CrystEngComm, 2012, 14 (1): 40-43.

[3] SAMADI M, ZIRAK M, NASERI A, et al. Re-

cent progress on doped ZnO nanostructures for visible-light photocatalysis [J]. Thin Solid Films，2016，605：2-19.

[4] LOW J X，YU J G，JARONIEC M，et al. Heterojunction Photocatalysts [J]. Advanced Materials，2017，29（20）：1-20.

[5] ZHAO F L，FENG Y Y，WANG Y，et al. Two-dimensional gersiloxenes with tunable bandgap for photocatalytic H_2 evolution and CO_2 photoreduction to CO [J]. Nature Communications，2020，11（1）：1-13.

[6] WANG C C，YI X H，WANG P. Powerful combination of MOFs and C_3N_4 for enhanced photocatalytic performance [J]. Applied Catalysis B：Environmental，2019，247：24-48.

[7] ZHANG M W，LUO Z S，ZHOU M，et al. Photocatalytic water oxidation by layered Co/h-BCN hybrids [J]. Science China Materials，2015，58（11）：867-876.

第五章 纳米材料在转移印花技术中的应用

　　随着世界各国对纳米科学及技术的不断探索和深入研究，纳米材料应用范围不断扩大，目前，已广泛应用于日常生活中的各个领域。人类与纺织材料的关系源远流长，随着人类文明程度的不断提高及科技水平的突飞猛进，纺织材料已渗入人类生活中的方方面面。根据人类对纺织材料在不同使用场合下的不同需求，可将纺织材料大致分成两大类：一类是着装用纺织材料，另一类是室内或居住用纺织材料。

　　由于纳米材料晶粒极小，比表面积特大，在晶粒表面无序排列的原子分数远远大于晶态材料表面原子所占的百分数，导致了纳米材料具有传统固体所不具备的许多特殊性质，如体积效应、表面效应、量子尺寸效应、宏观量子隧道效应和介电限域效应等，应用于纺织材料后，可赋予其具有微波吸收性能、高表面活性、抗菌性、超顺磁性及吸收光谱表现明显的蓝移或红移现象等。除上述的基本特性之外，纳米材料还具有特殊的光学性质、催化性质、光

催化性质、光电化学性质、化学反应性质、化学反应动力学性质和特殊的物理机械性质。

　　将纳米技术与纺织品结合，就产生了一种新型纺织品——纳米纺织品，纳米纺织品可以分为广义纳米纺织品和狭义纳米纺织品。广义纳米纺织品是指包含有纳米级别的成分或具有纳米结构的纺织品。狭义纳米纺织品是指采用直径为 1～100 nm 的纳米纤维制成的纺织品。

一、纳米纤维

　　纳米纤维是指直径为纳米尺度而长度较大的具有一定长径比的线状材料，此外，将纳米颗粒填充到普通纤维中对其进行改性的纤维也被称为纳米纤维。自然界中存在天然的纳米纤维，蜘蛛丝是其中的典范。从狭义上讲，纳米纤维的直径介于 1～100 nm；但从广义上讲，纤维直径低于 1 000 nm 的纤维均被称为纳米纤维。

（一）天然纳米纤维

　　人类利用蜘蛛丝始于 20 世纪初，在第二次世界大战时蜘蛛丝曾被用作望远镜、枪炮的瞄准系统中光学装置的十字准线，20 世纪 90 年代，科学家开始对蜘蛛丝蛋白基因组成、结构形态、力学性能等进行深入研究。蜘蛛丝的直径小于 100 nm，是标准的纳米纤维。作为知名的"纺织小能手"，蜘蛛通过纺器纺出的蜘蛛丝性能优异，完全"碾压"人类合成的各种纤维，故蜘蛛丝被认为是制作降落伞、防弹衣的理想材料。研究发现蜘蛛丝（图 5-1）的

拉伸强度高达 $717.5 \sim 1\,490$ mN/m^2。蜘蛛丝的强度大约是同等质量钢丝的 5 倍，铅笔芯粗细的蜘蛛丝足以拉动一艘万吨级的远洋货轮，韧性是钢的 10 倍。

图 5-1　蜘蛛丝

蜘蛛丝的主要化学成分是甘氨酸（NH$_2$－CH$_2$－COOH）、丙氨酸（NH$_2$－CH［CH$_3$］－COOH）、小部分的丝氨酸（NH$_2$－CH［CH$_2$OH］－COOH），及其他氨基酸单体蛋白质分子链。外观上又细又柔软的蜘蛛丝之所以具有极好的弹性和强度，其原因在于：一方面，蜘蛛丝中具有不规则的蛋白质分子链，使其具有弹性；另一方面，蜘蛛丝中还具有规则的蛋白质分子链，这又使其具有强度。

蜘蛛丝作为一种具有超强度、弹性和韧性的天然纳米纤维，以其优异的性能、独特的内部结构启发着研究者们对新材料创新和开发的思路。经过研究者们对蜘蛛丝固化过程的揭秘，人们发现了蜘蛛纺丝过程的精妙。谢菲尔德大学安东尼·J. 瑞恩（Anthony J. Ryan）和亚历山大·O. 米哈伊利克（Oleksandr O. Mykhaylyk）教授课题组以聚环氧乙烷（PEO）水溶液为研究对象，重现了蜘蛛丝的固化过程。如图 5-2 所示是 PEO 水溶液从液相到固相的转变过程。与现有纺丝方式相比，该方式能耗显著下降，这一研究有望形成一种新的纤维加工方法。

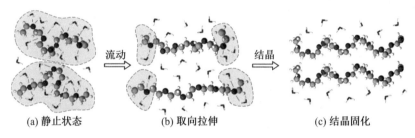

(a) 静止状态　　　　　(b) 取向拉伸　　　　　(c) 结晶固化

图 5-2　PEO 水溶液从液相到固相的转变过程示意图[1]

（二）人造纳米纤维

随着纳米科技的发展，人造纳米纤维应运而生。人造纳米纤维制备的复合技术包括：① 共混法：将零维纳米材料与相应的成纤聚合物共混纺丝。其中，零维纳米材料是指每一个维度的尺寸都在 0.1～100 nm 的纳米材料，如富勒烯 C_{60} 和 C_{70}。② 聚合法：在聚合体合成阶段的纤维原料中加入纳米材料。其中，纳米材料有纳米二氧化钛（TiO_2）、纳米氧化锌（ZnO）、纳米二氧化硅（SiO_2）、纳米二氧化锆（ZrO_2），这些材料赋予织物抗紫外线、抗菌防臭与阻燃性能等。③ 复合纺丝法：指由两种或两种以上不同性质高聚物流体，分别输入同纺丝组件，在组件的适当部位汇合，从同一喷丝孔挤出固化成纤的纺丝方法，如采用抗菌功能助剂和聚对苯二甲酸乙二醇酯（PET）纤维的混合物作皮层，用抗紫外线功能的分体和聚对苯二甲酸乙二醇酯（PET）纤维的混合物作芯材；采用无机和有机抗菌剂纺成具有抗菌、防臭功能的纤维。

采用以上复合技术制备人造纳米纤维的方法有很多，如拉伸法、模板合成法、自组装法、微相分离法、静电纺丝法等。其中静电纺丝法以操作简单、适用范围广、生产效率相对较高等优点而被广泛应用。静电纺丝是唯一能够直接连续制备聚合物纳米纤维的一种方法。南京林业大学蒋少华教授课题组、德国拜罗伊特大学格雷纳（Greiner）和阿加瓦尔（Agarwal）课题组合作在 *Polymer Chemistry* 上以封底文章发表了题为"Electrospun nanofiber reinforced composites：a review"的综述文章。该工作报道了静电纺丝纳米纤维的性能及其在复合材料中作为增强材料的应用。图 5-3 为纳米纤维的静电纺丝装置示意图。

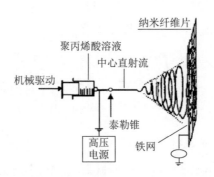

图 5-3　纳米纤维的静电纺丝装置示意图[2]

在纺丝过程中给聚合物流体施加高压静电，再使流体通过毛细管，一旦电压达到某一临界值，静电力就足以克服悬垂的聚合物流体的表面张力，在毛细管出口端喷射出极细的聚合物流体，同时纺丝溶剂迅速挥发。这样在金属接收屏上就形成类似于非织造布的纳米纤维聚集体。通过控制电压、聚合物溶液浓度等参数，可以改变纳米纤维的直径和聚集体厚度。

　　随着静电纺丝制备技术的不断提高，许多具有复杂结构的微纳米纤维材料被成功地制备出来。图 5-4 摘自北京航空航天大学赵勇教授、王女副教授课题组 2018 年发表在国际著名期刊 *Advanced Functional Materials* 上的文章，为不同静电纺丝多级结构微纳米纤维形貌图，包括最常见的圆柱形（Cylinder）纤维、扁平带状（Ribbon）纤维、纺锤节（Bead-on-string）纤维和表面多孔（Porous）纤维；通过调节纺丝喷头，还可以实现"肩并肩"（Side-by-side）纤维的制备；利用与其他后处理方法相结合，还可以得到表面具有纳米针刺结构的多级（Branched）纤维，

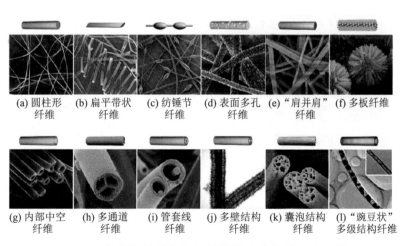

(a) 圆柱形　(b) 扁平带状　(c) 纺锤节　(d) 表面多孔　(e) "肩并肩"　(f) 多板纤维
　纤维　　　　纤维　　　　纤维　　　　纤维　　　　纤维

(g) 内部中空　(h) 多通道　(i) 管套线　(j) 多壁结构　(k) 囊泡结构　(l) "豌豆状"
　纤维　　　　纤维　　　　纤维　　　　纤维　　　　纤维　　　多级结构纤维

图 5-4　静电纺丝制备多级结构微纳米纤维形貌图[3]

以及内部中空（Tube）纤维、多通道（Multichannel）纤维、管套线（Wire-in-tube）纤维、多壁结构（Multitube）纤维、囊泡结构（Vesicle）纤维和"豌豆状"的多级结构电纺（Pea-like）纤维。

纳米纤维在过滤、催化剂、半导体、光波导、燃料电池、复合材料、组织修复、传感器和扫描探针显微镜等应用领域，以及诸如机械、化学、电子、能源、汽车、航空航天等相关行业有着广泛的应用。

过滤是纳米纤维最大的应用市场。纳米纤维过滤器在商业领域有着广泛而具体的应用，与我们生活最贴近的应用是口罩。作为一种优质的过滤材料，纳米纤维可以很好地过滤 $PM_{2.5}$ 及各种病毒、杂质，同时，其透气性较好，这让人呼吸起来顺畅很多。而与目前大多数空气净化器中使用的 HEPA（高效过滤膜）相比，相同的过滤效果下，纳米纤维过滤膜的空气通过率更高，膜两侧压力差也更小。更为关键的一点是其成本较低。

2019 年 12 月以来，世界各地陆续爆发新型冠状病毒肺炎（Corona Virus Disease 2019，COVID-19，简称"新冠肺炎"）疫情，它是一种急性呼吸道传染性疾病。新冠病毒（图 5-5）传播途径主要为直接传播、气溶胶传播和接触传播。直接传播是指患者喷嚏、咳嗽、说话的飞沫，呼出的气体被近距离直接吸入导致的感染；气溶胶传播是指飞沫混合在空气中，形成气溶胶，被吸入后导致感染；接触传播是指飞沫沉积在物品表面，被接触污染手后，再接触口腔、鼻腔、眼睛等黏膜，导致感染。因此，做好个人防护较有效的途径就是科学地佩戴口罩。将纳米银离子复合纤维做成无纺布口罩，利用纳米银的抗菌性可以使防护效果成倍增加。

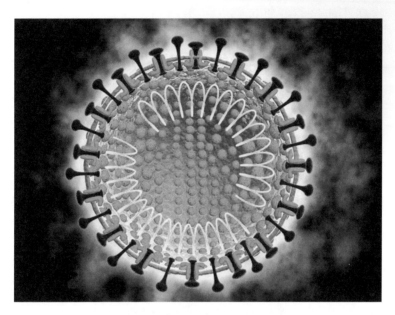

图 5-5　新冠病毒微观模拟图像

YY/T 0969—2013《一次性使用医用口罩》行业标准中规定的细菌含量应当小于 100 CFU/g，而市面上的普通口罩被佩戴 4 小时后表面细菌总数超过 100 CFU/g 的 4 至 5 倍，故不宜再被继续使用。纳米银抗菌口罩可被重复使用的关键在于采用的材料是纳米银无纺布，该材料的制备运用了核心纳米技术。根据香港理工大学佩戴实验测试结果，经过 8 小时佩戴后，纳米银抗菌口罩表面细菌总数仍远低于 100 CFU/g，细菌过滤率高达 99.7％以上，可反复使用。

纳米纤维因其优异的能量吸收性能，被认为是制作防弹衣的理想材料。防弹衣可分为软体、硬体和软硬复合体三种。软体防弹衣的材料主要以高性能纺织纤维为主，这些高性能纺织纤维远高于一般材料的能量吸收能力，使防弹衣具备防弹功能，且这种防弹衣一般采用纺织品的结构，具有相当的柔软性，因而被称为软体防弹衣。硬体防弹衣则是以特种钢板、超强铝合金等金属材料或者氧化铝、碳化硅等硬质非金属材料为主体防弹材料，由此制成的防弹衣一般不具备柔软性。软硬复合体防弹衣的柔软性介于上述两种类型之间，它以软质材料为内衬，以硬质材料为面板和增强材料，是一种复合型防弹衣。由于硬体防弹衣及复合型防弹衣便携性差且舒适度不高，因此开发出优异的软体防弹衣材料成为近年的研究热点。石墨烯纳米材料无论是单独作为一种全新的结构材料还是作为现有结构材料的改性添加剂，都具有极高的应用价值。石墨烯是由蜂窝状连接在一起的碳原子组成，结构稳定性高，配合其优异的力学性能，保证了石墨烯具有出色的抗冲击性能，理论上可成为杰出的防弹材料。有实验证明，石墨烯的抗冲击性能比钢强 10 倍，能够达到传统凯夫拉防弹衣的 2 倍以上。如图 5-6 所示，石墨烯纤维在撞击点处承受冲击力产生背部锥形拉伸形变，然后沿径向向外开裂，在这一过程中吸收了冲击物的大量动能，表现出优异的抗冲击性能。

图 5-6　石墨烯受冲击示意图

据报道，2020 年 11 月，国外某公司正式对外销售由纳米增强高拉伸强度复合材料制造的新型防弹衣、背包和防护盾等产品。这种特殊材料主要含有芳纶纤维、碳纳米管、石墨烯和其他高强度纳米材料，利用其迅速释放冲击能量，专门用于软装甲解决方案。利用此复合材料制造的防弹衣（图 5-7）与传统防弹衣相比较，不但材料柔软，而且质量减少超过 60％，更加灵活合身，很大程度上提升了穿着的舒适性。且利用了纳米颗粒的柔韧性和强度，还利用了纳米材料的防水疏水性能，即使完全浸入水中仍不影响其防弹性，解决了传统软装甲材料存在的主要问题。此外，这种防弹衣的结构性能稳定性更高，可贮存和使用的时间更长，耐用性能也较优异。

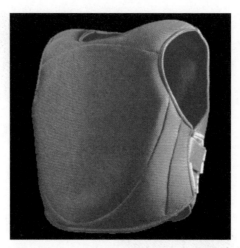

图 5-7 由纳米增强高拉伸强度复合材料制造的新型防弹衣

　　纳米纤维以其特有的性能和功能，在传统产业和高新技术领域都有广阔的应用前景，且市场潜力巨大。但目前尚缺乏对其安全性的系统研究，科研工作者和企业有必要对纳米纤维进行严格的生态安全性能评估，特别是经过长期跟踪分析的安全风险评估，以保证消费者和环境的安全。

二、纳米功能性纺织品

　　功能性纺织品是指具有某些特殊的不同于一般纺织品所固有的性能，能满足特殊需求的纺织品，如抗菌、除臭、防紫外线辐射、防静电、防微波、拒水拒油等纺织品。纳米功能性纺织品的实现方式一般有两种：一种是由纳米纤维织造成纳米纺织品；另一种是将纳米粒子以后处理技术（涂覆或浸渍）赋予纺织品相关功能性。

（一）用纳米纤维织造功能性纺织品

在化学纤维的聚合阶段、熔融阶段或纺丝阶段，将功能性纳米材料，如二氧化钛（TiO_2）、二氧化硅（SiO_2）导体粉加入其中，然后再纺丝，改变聚合物的某些性能，使其织造成的纺织品具有防紫外辐射性能。例如，通过添加二氧化钛（TiO_2）反射或吸收紫外光，从而达到防紫外线辐射的目的。

纳米银、纳米铜具有一定的杀菌性能，其与化纤复合纺丝制造出抗菌的功能纤维比一般的抗菌织物更抗菌且更耐洗。例如，由纳米 ZnO/SiO_2 制备成的消臭剂的除臭纤维能吸收臭味、净化空气，可用于制造消臭敷料、绷带、尿布、睡衣、窗帘、厕所用纺织品及环保用过滤织物等。

金属纳米材料或碳纳米材料具有防静电、防微波特性，在化纤纺丝过程中加入这些材料后，可制成防辐射服（图 5-8）。若将纳米碳管作为功能添加剂，使其分散于化纤纺丝液中，可以制成具有良好

图 5-8　防辐射服

导电性或防静电的纤维和织物。另外，在合成纤维中加入纳米 SiO_2 等，可以制得高介电性能绝缘纤维。

（二）纳米后处理技术在纺织品中的应用

随着人们生活水平的提高，人们对织物的自然、舒适、美观、健康、时尚要求越来越高，因此，天然纤维织物比合成纤维织物更具优势。然而，如何在不失去纺织品固有的灵活性、舒适性和透气性的前提下引入多功能材料仍然是一个挑战。目前被广泛使用的是利用浸渍、喷涂、旋涂、真空蒸镀、化学沉积及丝网印刷等方法在柔性纺织品上构建功能性纳米材料涂层。

以纳米 TiO_2、SiO_2 负载银的胶体溶液作为抗菌剂，以后处理技术制备抗菌防臭纺织品。纳米级抗菌剂通过浸渍或浸轧等方式进入纤维表面的微细结构及织物中纤维与纱线之间的空隙，具有一定的牢度，但是经多次洗涤后，其抗菌效果会有所降低。纳米纤维织造的抗菌除臭纺织品与之相比，具有更好的功能牢度，但在静电纺丝制造纳米纤维的过程中，纳米材料聚集成大颗粒或聚集成块，会导致抗菌剂在成品纤维中分散不均匀，使抗菌率降低。因此，提高改性纺织品的功能牢度，减少静电纺丝中的纳米材料聚集，这些都是亟待解决的问题。中国科学院成都生物研究所天然产物研究中心研究员邵华武课题组与国家纳米科学中心研究员蒋兴宇课题组合作开发了一种氨基葡萄糖（D-glucosamine，GlcN）与金纳米复合材料来抑制革兰氏阳性菌的生长，其示意图如图 5-9 所示。这种复合材料通过对细菌细胞壁合成的破坏作用及利用革兰氏阳性菌和阴性菌细胞壁结构的不同特异性来抑制革兰氏阳性菌，可得到窄谱纳米抗菌材料，从而避免了对益生菌的破坏和预防菌群失调。

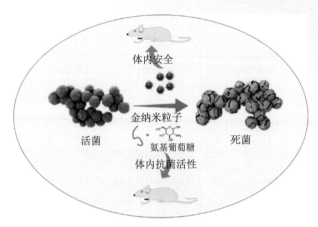

图 5-9　氨基葡萄糖与金纳米复合材料在小鼠体内的抗菌示意图[4]

在日常生活中，防紫外线织物主要应用于防紫外线伞、旅游帐篷等。一般是将纳米紫外线防护剂均匀地分散在涂层剂中，经过涂层机在织物表面进行精细涂层，然后经过烘干和必要的热处理，即可在织物表面形成一层薄膜，从而达到良好的屏蔽紫外线的效果。此涂层方法的耐久性良好，但是涂层厚度和纳米紫外线防护剂的用量直接影响屏蔽效果的好坏。纳米氧化锌（ZnO）是一种具有较大禁带宽度（3.37 eV）、较高的激子束缚能（60 MeV）的多功能新型无机材料。纳米ZnO颗粒在室温下属于稳定的六方纤锌矿结构（图 5-10），具有良好的热稳定性和化学

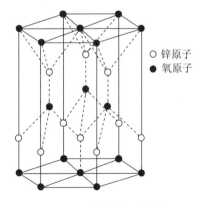

○ 锌原子
● 氧原子

图 5-10　六方纤锌矿结构

稳定性，在紫外光区具有优异的屏蔽效果和光催化效果。有研究证明，在 ZnO 溶胶中经硅烷偶联剂将 ZnO 晶种附着在棉织物表面，利用柠檬酸作为形貌控制剂实现了球形纳米 ZnO 在棉织物表面的可控生长（图 5-11），并通过掺杂金属元素铜（Cu）、铋（Bi），可大大提高棉织物的防紫外性能。

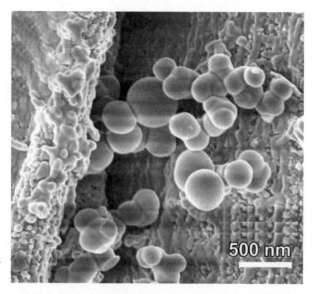

图 5-11 棉织物表面球形 ZnO 的 SEM 图像

东华大学郭敏博士通过静电相互作用在织物表面形成金/银纳米粒子涂层，在使织物保持原有透气性的情况下，可获得优异的光照转换性能。图 5-12 为郭敏博士利用模拟太阳光证明了此复合涂层织物具有优异的光热转换性能，在 1 kW/m² 光照强度下照射 5 min 后涂层织物表面的温度可达到 48.8 ℃，与空白织物即未处理织物对比，具有 20.9 ℃ 的升温效果。此外，复合涂层织物也能满足人体保温热疗所需的温度要求，并具有良好的水洗稳定性和光热稳定性。金/银纳米粒子复合涂层织物非常适用于柔性、透气、可穿戴加热纺织品进行人体保温热疗。

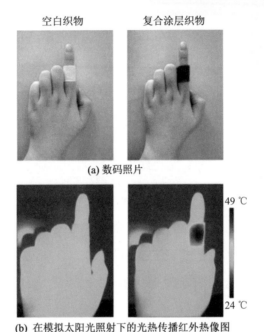

(a) 数码照片

(b) 在模拟太阳光照射下的光热传播红外热像图

图 5-12　人体手指关节处分别包覆空白织物和

金/银纳米粒子复合涂层织物[5]

演示实验　升华转移印花小实验

纳米 SiO_2 呈三维网状结构，表面存在大量的不饱和残键和不同状态的羟基，这使得纳米 SiO_2 表面能高，处于热力学非稳定状态，故其又被称为"超微细白炭黑"。

纳米 SiO_2 粒径小，比表面积大，表面吸附能力强，表面能大，化学纯度高，分散性好，在热阻及电阻方面具有优异的性能，以及优越的稳定性、增稠性和触变性，广泛应用于橡胶、塑料、陶瓷、化学催化等领域。在转移印花中利用纳米 SiO_2 的比表面积大及表面吸附能力强等优点，将其作为一种物理吸附剂添加至转印纸涂层浆料中，一方面，可以使糊料更加均匀，体系更加稳定；另一方面，可以减少甚至消除墨水在转印纸面渗化所引起的花形羽化现象。

纳米 TiO_2 是白色疏松粉末，屏蔽紫外线能力强，有良好的分散性和耐候性，可用于制作化妆品、功能纤维、塑料、涂料、油漆等，还可作为紫外线屏蔽剂，防止紫外线的侵害。印花过程中，在增稠剂中加入纳米 TiO_2 以涂覆的方式作用于纺织品，可赋予织物一定的防紫外线性能。

实验目的

（1）了解纳米材料的相关性质。

（2）了解纳米材料在纺织品中的应用。

实验原理

升华转移印花是先将分散染料印在转移印花纸上，然后在转移印花时通过热压处理使图案中染料转移到纺织品上，并固着形成图案。图 5-13 为升华转移印花手绘图案成品。转移印花应用的分散染料，其升华温度应低于纤维大分子的熔点且高于其玻璃化温度，以不损伤织物强度为原则，对涤纶较为合适的加工温度为 180 ℃～210 ℃。

图 5-13　升华转移印花手绘图案成品

实验材料和设备

涤纶织物、转移印花原纸、升华染料墨水、低黏度羧甲基纤维素钠、纳米 TiO_2、纳米 SiO_2、电子天平、磁力搅拌器、电热恒温鼓风干燥箱、涂层小样机、压光机、Epson R330 喷墨打印机、压烫机、显微镜、紫外透射率测试分析仪。

实验步骤

（1）样品 1：称取 20 g 的低黏度羧甲基纤维素钠、1 g 的纳米 SiO_2、2 g 的纳米 TiO_2，分别加入 200 mL 去离子水中，在磁力搅拌器下搅拌均匀，得到黏度适中且分散均匀的改性剂。

（2）样品 2：称取 20 g 的低黏度羧甲基纤维素钠，加入 200 mL 去离子水中，在磁力搅拌器下搅拌均匀，得到黏度适中且分散均匀的改性剂。

（3）将上述高分子改性剂均匀地涂抹在转移印花原纸表面（涂层厚度为 0.25 mm），随后在 40 ℃下烘至完全干燥，最后于室温下轧光平整，得到涤纶分散染料转移印花用转移纸。

（4）将改性纸裁成 A4 大小，将所选图案喷墨打印到转移纸表面，于室温放置，待墨水自然干燥。

（5）开启压烫机，调节至适中的压力，保持不变。设定压烫机温度为 210 ℃、时间为 30 s，待温度达到后进行转移印花，得到转移印花织物。

（6）使用显微镜观察，对比两个样品的羽化现象。

（7）使用抗紫外线测试仪对比两个样品的紫外线防护系数（UPF）。根据我国纺织品抗紫外性能测试标准，UPF 高于 50，同时长波紫外线（UVA 区）的透射率低于 5% 时，可以认为纺织品具有良好的抗紫外效果；UPF 低于 50 时，不能称为防紫外线面料。

实验注意事项

（1）实验过程中务必规范佩戴口罩及手套，束起头发。

（2）实验需要在 210 ℃ 的温度下进行反应，在实验过程中应注意安全，避免被烫伤或烧伤。

（3）实验过程中使用到的轧光机为滚动带压力的设备，切记注意安全，避免卷入。

（4）在操作相关危险设备前，须经实验教师培训通过后，方可操作。

思考题

（1）简述零维纳米材料的概念。

（2）简述纳米材料在纺织品方面的应用实例。

（3）列举你知道的日常生活中用到的纳米纺织品。

参考文献

［1］DUNDERDALE G J，DAVIDSON S J，RYAN A J，et al. Flow-induced crystallisation of polymers from aqueous solution ［J］. Nature Communications，2020，11（1）：3372.

［2］JIANG S H，CHEN Y M，DUAN G G，et al. Electrospun nanofiber reinforced composites：A review ［J］. Polymer Chemistry，2018，9（20）：2685–2720.

［3］ HOU L，WANG N，JING W，et al. Bioinspired Superwettability electrospun micro/nanofibers and their applications［J］. Advanced Functional Materials，2018，28 (49)，1-22.

［4］ YANG X L，WEI Q，SHAO H W，et al. Multi-valent aminosaccharide-based gold nanoparticles as narrow-spectrum antibiotics in vivo［J］. ACS Applied Materials & Interfaces，2019，11 (8)，7725-7730.

［5］ 郭敏. 基于金属纳米粒子的等离子体共振增强平面结构及其光/热应用研究［D］. 上海：东华大学，2021：111.

第六章　微纳器件 COMSOL 模拟仿真应用

一、半导体制造技术

随着制造业技术的高速发展，人类可以进行加工的半导体尺寸大小在不断地减少，在机械领域一般采用机床加工各种各样的机械零件。目前精密机加工的尺寸精度可以达到±0.01 mm，超高精密机加工的尺寸精度可以达到±0.005 mm，这种精度接近于机床可以达到的精度的极限，而且难以做到非常好的一致性。对于更高需求的尺寸精度，往往需要具有十几年甚至几十年经验的高级钳工进行手工完成，中国发射的航天器上的某些零部件就是以这种方式完成的。

在微纳米领域所采用的加工技术区别于上文所讲的机械加工技术，当需要加工的结构尺寸在微纳米级别时，这么小的结构尺寸及这么高的精度要求，要怎么样才能够实现呢？经过几十年的发展，微纳米结构及加工方法的研究已经取得了重大的进展，这里简要列出几个采用微纳加工技术取得重大突破的时间节点的案例。1967 年，西屋电气公司的哈维·内桑森（Harvey Nathanson）发明出一种不同于传统晶体管的新型结构，这种晶体管的栅电极没有像传统结构那样固定在栅极氧化层上，而是一种通过静电力控制其与衬底之间距离的可动结构。1978 年，惠普公司提出采用基于硅材料的微机械加工技术制备尺寸小并且排列密集的喷嘴阵列，率先开发出了采用硅微机械加工制备喷墨打印机喷嘴的技术，实现了高对比度和高分辨率的打印技术突破。1987 年，电气与电子工程师协会（Institute of Electrical and Electronics Engineers，IEEE）召开第一届微机电系统（Micro Electro Mechanical System，MEMS）的学术会议，同年库尔特·彼得森（Kurt Petersen）研究整理了使用硅材料作为微机械材料的优势和前景，为硅基MEMS工艺技术的发展奠定了理论基础。1989 年，加州大学伯克利分校的戴聿昌（Y. C. Tai）等人研制出直径仅60 μm 的三相步进马达，采用了多晶硅材料，最大转速可以达到 500 r/min，从而证实了 MEMS 技术实现复杂微执行器的可行性。1990 年，在盐湖城召开的会议上，加州大学伯克利分校的研究人员建议用 MEMS 为这一领域正式定名，标志着 MEMS 研究领域的诞生。

　　MEMS 内部结构一般在微米到纳米量级，是一个独立的智能系统，主要由感应系统、执行系统及能源系统组成。如图 6-1 所示是一个 MEMS 微流控芯片的局部示意图，MEMS 微流控芯片主要用于加压后将液体成分的药剂在极短的时间内分散为多个尺寸在微纳米之间的小颗粒，使人体能够快速地吸收药剂，达到有效治疗的目的。图 6-1 中的小圆柱的尺寸只有几个微米，这么小的结构如何加工？如此高的精度要求又是如何达到的呢？值得深思。

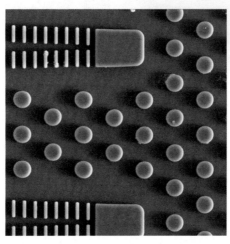

图 6-1　MEMS 微流控芯片的局部示意图

MEMS 微流控是一个静态的结构，下面介绍一个动态的结构——微振镜（图 6-2），微振镜是一个非常小的动态结构，为了使大家能够进行清晰的比较，图 6-2（a）向大家展示了 MEMS 微振镜的局部情况，图 6-2（b）对 MEMS 微振镜中的针孔进行了放大，这么小的一个动态结构在电驱动下却可以绕固定转轴进行反复振动。微振镜是一个光学结构器件，它是混合固体激光雷达及动态结构光 3D 相机中的核心组成部分，由于它的体积非常小，所以将替代传统的机械电机，达到降低成本、降低功耗、提升系统稳定性的目的。截至目前，仍然有许多大学的教授致力于 MEMS 微振镜的研究。

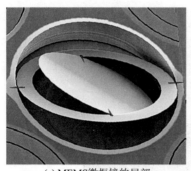 

(a) MEMS微振镜的局部   (b) MEMS微振镜阵列

图 6-2   MEMS 微振镜示意图

二、光刻

　　微纳米尺寸的加工技术又被称为半导体制造工艺，半导体制造工艺主要包含以下几个工艺：氧化、薄膜沉积、光刻、刻蚀、离子注入、扩散、金属化、退火。在这里简要介绍一下光刻工艺。

　　光刻是利用照相复制与化学腐蚀、物理刻蚀相结合的技术，在工件表面制取精密、微细和复杂薄层图形的加工方法。光刻是实现纳米制程的关键工艺步骤，通过短波长的紫外光实现纳米制程，目前使用的主要的紫外光源分别有紫外光（UV）、深紫外光（DUV）、极紫外光（EUV），具体可参考图 6-3。光刻过程中使用的光刻胶对高能量的光非常敏感，其在高能量的光照下会发生化学反应，导致失效，日常生活中使用的日光灯多发出白光，里面包含了高能量的短波光，所以为了避免光刻胶发生曝光而失效，光刻工艺的环境一般选择在低能量的长波光中。目前，所有的光刻都是在黄光区中进行（图 6-4），这类似于老式胶卷照相机的胶卷不能够暴露于白光环境下。

光源
- 紫外光（UV）
  - g 线波长：436 nm
  - i 线波长：365 nm
- 深紫外光（DUV）
  - KrF 准分子激光波长：248 nm
  - ArF 准分子激光波长：193 nm
- 极紫外光（EUV）：波长范围为 10～15 nm
- X 射线：波长范围为 0.2～4 nm
- 电子束
- 离子束

图 6-3　曝光光源

图 6-4　黄光区光刻间

光刻主要包含以下几个步骤（图 6-5）：

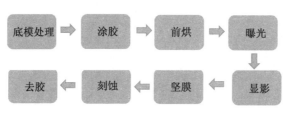

图 6-5　光刻步骤

底模处理。底模处理是所有光刻的第一步，其主要目的是对需要进行光刻的表面进行处理，从而达到增强和光刻胶之间的黏附性。一般进行的步骤为超声清洗、氮气吹干、高温烘烤、涂覆增黏剂六甲基二硅氮烷（HMDS）。

涂胶。光刻胶又称光致抗蚀剂，主要由感光树脂、增感剂和溶剂三部分组成。光刻胶分为两种，一种是正胶，正胶在被曝光后其内部发生化学反应，经过化学试剂的清洗，被曝光部分被去除，未曝光部分得以保留，所得图形和掩膜图形相同。另一种是负胶，负胶在被曝光后其内部发生化学反应，经过化学试剂的清洗，被曝光部分得以保留，未曝光部分被去除，所得图形和掩膜图形相反。光刻胶主要用来将光刻掩膜版上的图案转移到器件表面。涂胶（图 6-6）是指在需要光刻的表面涂上一层厚度均匀、黏附性良好的光刻胶。一般采用旋涂法进行涂胶，其原理是利用转动时产生的离心力，将滴在表面的光刻胶液甩开，在光刻胶表面张力的作用下最终形成光刻胶膜。

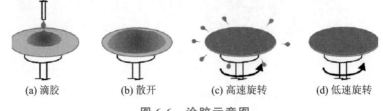

(a) 滴胶　　　(b) 散开　　　(c) 高速旋转　　　(d) 低速旋转

图 6-6　涂胶示意图

前烘。前烘后，光刻胶仍然保持"软"的状态，所以又称软烘，其主要目的是在一定的温度下使光刻胶里的溶剂充分地逸出来，使所涂的光刻胶膜干燥，增强其表面的黏附性。

曝光。曝光是指对涂有光刻胶的基片进行选择性的光化学反应，使接受光照的光刻胶在化学溶剂中的溶解性发生改变。每种光刻胶都有自己的吸收峰和吸收范围，只有波长在吸收范围内的光才会发生化学反应，因此，不同的光刻胶必须选择对应的曝光光源。

显影。显影就是用化学试剂将曝光造成的光刻胶的可溶解区域溶解，从而将掩膜版的图形复制到光刻胶膜上，常见的显影液有四甲基氢氧化铵[$(CH_3)_4NOH$]、氢氧化钠（NaOH）等。

坚膜。坚膜是一个烘烤的过程，将显影完成的样品放置到加热台上加热烘烤一定的时间，使残留的光刻胶溶剂全部挥发，增加光刻胶和衬底之间的黏附性及提高光刻胶的抗刻蚀能力。

刻蚀。将涂胶前所沉积薄膜中没有被光刻胶覆盖的部分采用化学或物理方法去除，从而达到将光刻胶上所形成的图案转移到下层薄膜的目的。

去胶。图形转移加工后，需要去除掉光刻胶以进行下一步的工艺，一般采用有机溶剂将胶溶解掉，最常用的有机溶剂是丙酮，丙酮可以溶解大部分的光刻胶。

三、多物理场仿真软件（COMSOL Multiphysics）

因 MEMS 器件体积小，用在微纳米尺度原有的宏观的知识体系无法对这一尺度的物理特征进行表征，器件在力学原理、运动学原理、热传输原理等很多方面会发生变化，如器件发生形变的应力和应变之间的关系，无法再用胡克定律进行计算；摩擦力不再由载荷压力引起，而由接触表面之间的分子相互作用力所引起。在对一个器件的结构进行设计以后，如何验证所设计的结构的合理性，如何使所设计的结构能够达到最优的性能，其中一种方法是根据所设计的方案，把需要的结构采用微纳制造的方法加工出来，然后再进行测试对比，这种方法虽然在理论上行得通，但在实际的操作过程中有很大的困难。这是因为一个微纳器件的加工步骤是非常烦琐的，加工一个器件短则需要半个月，长则需要好几个月，如果一开始就用这种方法来进行验证，需要花费大量的时间及精力，而且设备的使用费用非常高。所以在科研院所或公司的研发部门，为了节约时间及成本，一般不直接使用这种方法来验证设计的合理性，目前普遍采用的方法是模拟仿真，模拟仿真是指将器件实际工作需要的输入信号及工作环境通过软件平台模拟施加到待验证的器件上面，然后根据器件的仿真结果提取需要的数据，验证设计的合理性及改变某一变量后器件某项重要性能参数的变化规律。工程仿真成功的关键往往取决于是否能够开发出通过实验验证的模型，以取代传统单纯依靠实验和原型的方式，同时能够从更深层面上理解产品的设计和流程，为之后的设计改进积累经验。与实验或原型测试相比，建模仿真可以帮助开发人员更快、更有效、更精确地优化产品和过程。目前大家使用最多的模拟仿真软件主要有两种：一种叫 COMSOL，另外一种叫 ANSYS。

　　COMSOL Multiphysics 是一个多物理场仿真软件，涵盖建模工作流程中的所有步骤：定义几何结构、定义数学变量，输入材料属性、描述特定现象的物理场，进行网格划分，求解模型和对结果进行后处理，从而提供准确可靠的分析结果。在同一个软件环境中模拟电磁学、结构力学、声学、流体流动、传热和化学反应现象，并在这些现象之间任意进行切换，还可以在模型中对这些领域的物理现象进行耦合分析。图 6-7 展示了用这款软件可以进行仿真的物理场模块及部分仿真结果，COMSOL Multiphysics 包含了非常齐全的物理场模块，并且拥有绝大多数的绘图设计软件对接接口，功能十分强大。

电磁学模块

- AC/DC 模块
- RF 模块
- 波动光学模块
- 射线光学模块
- 等离子体模块
- 半导体模块

流体流动 & 传热模块

- CFD 模块
  - 搅拌器模块
- 聚合物流动模块
- 微流体模块
- 多孔介质流模块
- 地下水流模块
- 管道流模块
- 分子流模块
- 金属加工模块
- 传热模块

结构力学 & 声学模块

- 结构力学模块
  - 非线性结构材料模块
  - 复合材料模块
  - 岩土力学模块
  - 疲劳模块
  - 转子动力学模块
- 多体动力学模块
- MEMS 模块
- 声学模块

化工模块

- 化学反应工程模块
- 电池模块
- 燃料电池和电解槽模块
- 电镀模块
- 腐蚀模块
- 电化学模块

多功能产品

- 优化模块
- 材料库
- 粒子追踪模块
- 气液属性模块

接口产品

- LiveLink™ *for* MATLAB®
- LiveLink™ *for* Simulink®
- LiveLink™ *for* Excel®
- CAD 导入模块
- 设计模块
- ECAD 导入模块
- LiveLink™ *for* SOLIDWORKS®
- LiveLink™ *for* Inventor®
- LiveLink™ *for* AutoCAD®
- LiveLink™ *for* Revit®
- LiveLink™ *for* PTC® Creo® Parametric™
- LiveLink™ *for* PTC® Pro/ENGINEER®
- LiveLink™ *for* Solid Edge®
- File Import *for* CATIA® V5

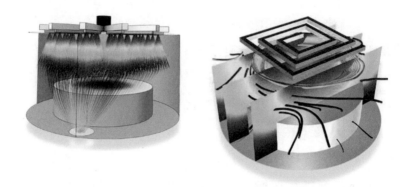

图 6-7　COMSOL 物理模量及部分仿真结果示意图

演示实验

微纳器件压力传感器 芯体弹性膜片的应力分布仿真

▷ 实验原理

（1）通过对微纳器件压力传感器芯体弹性膜片的应力分布仿真分析，初步学习 COMSOL 仿真软件的三维建模、材料定义、物理场设定及后处理等流程。

（2）了解微纳器件的设计优化过程。

▷ 实验原理

基于偏微分方程组，通过设定特定的条件对多物理场的耦合进行求解，得到期望的结果。

▷ 实验设备

基于 Windows7 及以上操作系统的计算机、COMSOL 多物理仿真软件。

▷ 实验步骤

下面讲解一个仿真案例，初步了解并学会使用 COM-SOL Multiphysics 这款功能强大的软件。如果是通过学习本案例对这款软件产生兴趣的同学，可以到 COMSOL 官方网站查找更多的案例进行学习，也可以寻找专业的书籍进行学习。由于章节内容限制，这里不再具体介绍每一个菜单的具体功能。首先打开 COMSOL Multiphysics 软件，进入如图 6-8（a）所示图形界面，建议初学者在开始的时候选择"模型向导"，进入"选择空间维度"界面，COMSOL Multiphysics 提供了从零维到三维的空间维度选择，因为器件属于三维空间，所以在"选择空间维度"栏目单击最左侧的"三维"。

(a) 新建模型界面

(b) 选择空间维度界面

图 6-8　空间维度定义

确定空间维度之后，进入如图 6-9 所示的界面进行物理场的选择，找到"结构力学"模块，单击"结构力学"模块左侧小三角，单击选择"固体力学"，此时右下角的"增加"按钮会由灰色变成黑色，单击"增加"按钮。完成后可以看到左下角"增加物理场接口"栏目下面显示有了"固体力学"，此时单击最下侧的"完成"，进入 COM-SOL Multiphysics 操作界面。

图 6-9　物理场定义

在 COMSOL Multiphysics 操作界面的最左侧为模型开发器，一个仿真过程的顺利完成，只需要依次完成模型开发器列出的几个大项即可，部分定义条件需要结合菜单栏进行，按照菜单栏从左到右的顺序对仿真需要完成的几个大项分别进行设置。下面首先进行建模，如图 6-10（a）所示单击最左侧选项中的"几何 1"，会显示几何设置的选项，将第一栏标签设置为 CHIP，这里的标签没有特殊要求，在实际进行仿真的过程中可以根据实际需求进行设置。单击"长度单位"最右侧的小三角，选择"mm"。从选项可以看出，这里可以定义的最小长度为埃，满足半导体工艺的最小尺寸。定义好尺寸单位后，单击软件菜单栏的"几何"，在弹出框中选择"圆柱体"，如图 6-10（b）所示。

(a) 几何设定界面（模型开发器）

(b) 几何设定界面（菜单栏）

图 6-10　三维建模

选择"圆柱体"后，此时操作界面左侧的模块开发器下方"几何"选项中自动添加"圆柱"这一选项，且被自动选中，中间弹出圆柱的设定栏［图 6-11（a）］。这里只设置圆柱的尺寸，在中间弹出的圆柱体的设定栏中定义圆柱体 1 的

半径为 4.5 mm，高度为 10 mm。设置完成后单击左上角
"构建选定"，得到如图 6-11（b）所示的圆柱体。

(a) 圆柱体1设计界面

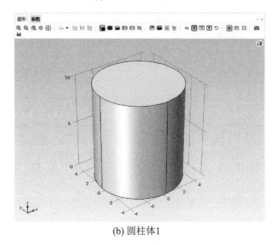

(b) 圆柱体1

图 6-11　参数定义

按照上述构建圆柱体的方法依次建立圆柱体 2 及圆柱体 3，其中圆柱体 2 的高度为 9.7 mm，半径为 2.75 mm，圆柱体 3 的高度为 1.5 mm，半径为 6 mm。在所建立的图形界面，单击鼠标左键不动，移动鼠标可以对图形进行上下左右旋转。单击鼠标右键不动，移动鼠标可以对图形进行上下左右平移拖动。单击鼠标滚轮键不动，移动鼠标可以对图形进行放大和缩小。完成三个圆柱体后，接下来对图形进行修改。首先，选中左侧模型开发器的圆柱体 3，在中间弹出圆柱体 3 的设定栏，将位置栏下面的 z 值修改为 1，然后单击设定栏左上方"构建选定"选项，得到如图 6-12 所示的图形通过改动设定的值，比较修改后与修改前图形发生了什么变化。

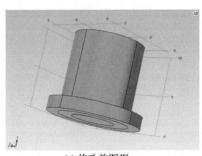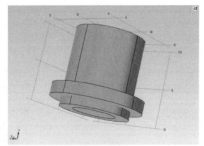

(a) 修改前图形   (b) 修改后图形

图 6-12　模型形状修改 1

单击菜单栏中的"布尔和分割"，在弹出框中选择"差集"，如图 6-13（a）所示。选择"差集"后在左侧模块开发器下方自动添加"差集 1"这一栏，位于圆柱体 3 的下方。

此时"差集 1"已被自动选中，且中间弹出差集的设

定栏，点击设定栏中增加对象下方的激活按钮，使其显示
为绿色的 ON，而后单击鼠标左键，选中图形中建立的圆
柱体 1 和圆柱体 3，选中成功后会在"增加对象"右侧空
白处显示 cyl1、cyl3。完成后单击下方"减去对象"中的
激活按钮，使其显示为绿色的 ON，而后单击鼠标左键，
选中图形中建立的圆柱体 2，选中成功后会在"减去对象"
右侧空白处显示 cyl2，最下方勾选"保留内部边界"。完成
后单击左上角"构建选定"，如图 6-13（b）所示。

(a) 布尔和分割（菜单栏）

(b) 差集设定界面

图 6-13　模型形状修改 2

经过操作后，构建一个简单的三维结构模型，如图 6-14 （a）所示，用于接下来的仿真。为了简化本次仿真的过程，在定义材料时不再选择需要定义材料具体某个属性的材料，只需将材料添加到模型即可。首先单击图 6-14 （b）菜单栏中的"材料"选项，在弹出的选项框中单击"增加材料"即可。

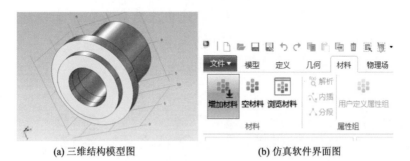

(a) 三维结构模型图　　　　　(b) 仿真软件界面图

图 6-14　材料定义 1

单击"增加材料"后，在最右侧会弹出可以增加的具体材料，在搜索栏中输入"Structural steel"，单击"搜索"按钮，然后单击"基本材料"左侧小三角后，会出现 "Structural Steel"这一选项，选中后单击左上角"增加到组件"，如图 6-15 （a）所示。材料增加成功后，会自动在最左侧模型开发器下增加 Structural Steel （mat1）选项，如图 6-15 （b）所示。

(a) 增加材料设定界面　　　　(b) 成功增加材料界面（模型开发器）

图 6-15　材料定义 2

　　定义好材料后，再进行物理场的定义，物理场在打开软件的时候已经被定义为固体力学，接下来只需要根据实际仿真的应用需求，对模型进行一些更为具体的物理量的设定即可。先单击菜单栏中的"物理场"，再在弹出的选项框中单击"边界"，然后在"边界"子选项框中单击"固体力学"下方的"固定约束"选项，如图 6-16（a）所示。此时模型开发器下面"固体力学"选项添加"固定约束 1"选项，并且被自动选中，中间弹出固定约束的设定栏，如图 6-16（b）所示。

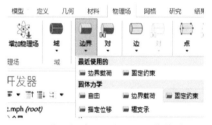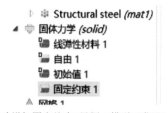

(a) 物理场边界设定界面（菜单栏）　　　　(b) 成功增加固定约束1界面（模型开发器）

图 6-16　物理场固定约束定义 1

　　添加完成"固定约束 1"后，在模型开发器和图形中间的设定界面对固定约束进行设定。如图 6-17（a）所示，选择设定为"手动"，然后单击"选择"下方的激活按钮，设定为绿色 ON。此时单击选择图形中圆柱体 3 的底面，选中后颜色会变为浅蓝色，表示添加成功，添加成功后可得到如图 6-17（b）所示图形。如果添加错误，可单击"选择"右侧下方扫帚图形，取消选择表示，然后重新添加。

(a) 固定约束设定界面

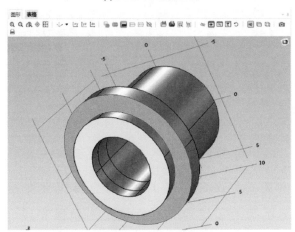

(b) 成功设定固定约束界面

图 6-17 物理场固定约束定义 2

固定约束设定完成后，请参照添加固定约束的方法，添加边界载荷。添加边界载荷后，在模型开发器和图形中间会自动弹出边界载荷设定框，接下来进行边界载荷的设定。如图 6-18（a）所示，选择设定为"手动"，在边界载荷设定框内单击选择下方的激活按钮，设定为绿色 ON。

此时鼠标点击圆柱体内侧所有表面，选中后颜色会变为浅蓝色，添加成功，如图 6-18（b）所示。单击最下方"载荷类型"右侧小三角，将"单位面积力载荷"更改为"压力"选项，更改后在下方输入"10000000"，单位为 Pa，即施加的载荷压力大小为 10 MPa。

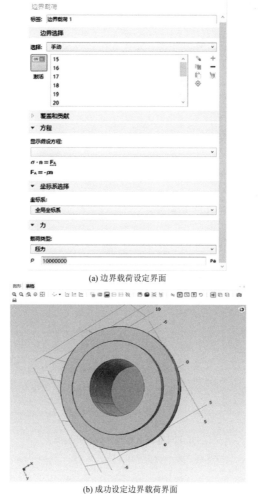

(a) 边界载荷设定界面

(b) 成功设定边界载荷界面

图 6-18　物理场边界载荷定义

　　接下来进行网格的剖分，网格的剖分有很多种类型，为了简化模拟仿真的过程，这里按默认设置直接进行剖分，之所以进行网格剖分，是因为计算机会在剖分得到的同一个区域默认内部的物理场是完全相同的区域，不同的网格内部的物理场不同，剖分的网格越小越密集，仿真计算的结果越精确，但对应地需要的计算时间也会更长，对计算机的要求也会增加，配置差的计算机很容易死机。如图 6-19（a）所示，单击左侧模型开发器下方"网格"，在模型开发器和图形中间弹出"网格设定"框，单击"全部构建"，结果如图 6-19（b）所示。

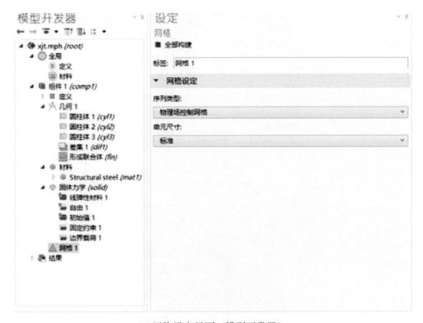

(a) 网格设定界面（模型开发器）

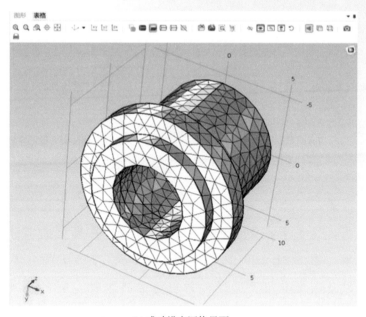

(b) 成功设定网格界面

图 6-19　网格剖分

完成网格剖分后，进行最后一项研究计算，如图 6-20 (a) 所示，单击菜单栏中的"研究"选项，在弹出框中单击"增加研究"，在最右侧弹出"增加研究"设定框，如图 6-20 (b) 所示，选择"稳态"，选择后单击左上角"增加研究"选项，此时在模型开发器的下面增加了"研究选项"，并且在中间弹出"研究"设定框，作为初学者这里可以不再变动，单击左上角的"计算"，对模型进行模拟计算。

(a) 研究设计界面（菜单栏）　　　(b) 增加研究设定界面

图 6-20　研究定义

　　最后一个步骤是后处理，后处理也是一个比较复杂的过程，这里不再详细讲解，只展示所建立模型的部分仿真结果，图 6-21（a）为自动弹出的应力分布云图，从图中可以清晰地看出不同区域的应力分布情况，同时还可以对具体位置的应力大小进行提取。如图 6-21（b）所示，当压力的大小由 0 MPa 增加到 10 MPa 时，相应地对上表面从左到右的应变大小进行了提取。

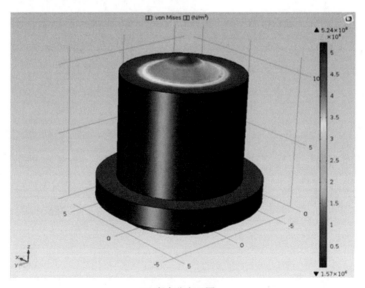

(a) 应力分布云图

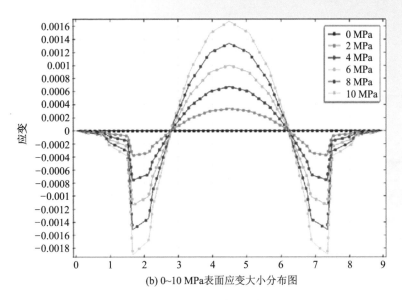

(b) 0~10 MPa表面应变大小分布图

图 6-21　后处理部分结果

　思考题

（1）COMSOL Multiphysics 是否能很好地模拟流体力学？

（2）用 COMSOL Multiphysics 求解时，该如何选择求解器？

（3）对模型放大或缩小该如何操作？

（4）在 COMSOL Multiphysics 中，为什么需要对三维模型进行网格剖分？

第七章 纳米制程芯片及半导体器件应用

一、背景介绍

进入 5G 时代，推动电子信息快速发展的一个重要原因是半导体制造技术的提升，进入 21 世纪以来半导体制备技术飞速发展，集成电路芯片上可容纳的元器件的数目，大约每 18 个月就会增加一倍。在相同面积大小的芯片上实现所集成的管芯数目翻一番，需要把所制备的集成电路中的电路的线条尺寸不断压缩，这就像是在相同面积大小的房子里进行分割、装修，房间的数量越多，单个房间的面积就越小，当下需要解决的主要问题是在相同的芯片上不断减小管芯的尺寸并重新进行布局排布。截至目前人类已经将管芯尺寸做到了 5 nm，随着技术的发展，管芯最小线条尺寸会进一步减少，基本上接近了某些比较大的原子直径。无论半导体制造技术如何发展，组成集成电路的半导体元器件的最小尺寸在如何变化，在芯片中组成集成电路的半导体元器件的种类及功能都不会改变，下面讲解一下集成电路的发展历程。

图 7-1　集成电路处理芯片

　　1947 年，肖克利（Shockley）、巴丁（Bardeen）、布拉顿（Brattain）在贝尔实验室发明制造了人类历史上第一个半导体三极管，称为肖克利晶体管（图 7-2），从此打开了半导体世界的大门。

图 7-2　肖克利晶体管

1951 年，发明了场效应晶体管。

1955 年，成立了肖克利实验室，后来逐渐演变为以此为中心的高技术公司的聚集地，美国将这一区域命名为硅谷。

1956 年，肖克利、巴丁、布拉顿三人共同获得了诺贝尔物理学奖。

1957 年，8 位顶尖的科学家离开了肖克利实验室成立了半导体公司，并在 1958 年发明了历史上第一个集成电路［图 7-3（a）］。1960 年，推出了第一个采用平面工艺技术的集成电路。1965 年，对平面印刷工艺进行了改进，制备了功能完善的运放电路。1969 年，霍夫（Hoff）制作了一个微型处理器 4004，并取 Integrated electronics 两个英文单词的前缀创办了大名鼎鼎的 Intel 公司。1974 年，爱德华·罗伯茨（Edward Roberts）第一次提出了个人微型电脑，随后集成电路便开始遵循摩尔定律每两年进行一次更新迭代，一直发展到了今天的 5 nm 制程，一个芯片上包含了几十到上百亿晶体管［图 7-3（b）］，所以光刻机及芯片的制造是人类历史上最复杂、最精细的成就之一。随着技术的发展，最小制程会被不断地突破，集成在芯片上的晶体管数量会得到进一步的提升。

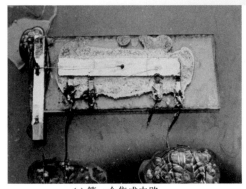
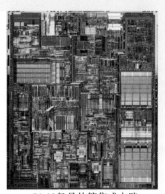

(a) 第一个集成电路   (b) 10亿晶体管集成电路

图 7-3   集成电路

芯片的制造工艺是非常复杂的，一般由几百道甚至上千道工序组成，下面简要列举出芯片加工中最常用也是比较重要的几个步骤，以加深对芯片制造工艺的理解。芯片的制造主要由下面几个工序组成：

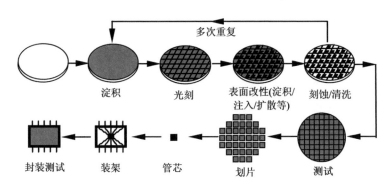

图 7-4   芯片制备的基本流程

现在常用的一些电子设备中的处理芯片都经过统一标准进行了封装，芯片的制备加工除了对加工工艺要求高外，对制备过程中的环境要求也非常高，芯片的生产制备环境必须达到足够高的洁净度，这是因为目前芯片中的电路尺寸已经达到了纳米级，空气的颗粒物一般都在微米级，一个小小的颗粒物落到晶圆上，足以导致晶圆上对应位置的芯片失效。为了达到一定的洁净程度，生产的厂房要安装造价不菲的空气净化系统，经过净化后的空气要比采用几百台家用净化器净化后的空气还要干净。表 7-1 列出了目前芯片代工厂对于生产环境中的要求，一般采用粒径不低于 $0.5\ \mu m$ 的颗粒物数量作为参照。例如，当每立方英尺（1 英尺 = 0.304 8 米）的空间中粒径不低于 $0.5\ \mu m$ 的颗粒物在 100 颗以下时称为百级净化间。

表 7-1　不同级别超净间颗粒物数量要求

级别	≥0.1 μm	≥0.2 μm	≥0.3 μm	≥0.5 μm	≥5 μm
1	35	7.5	3	1	—
10	350	75	30	10	—
100	—	750	300	100	—
1 000	—	—	—	1000	7
10 000	—	—	—	10 000	70
100 000	—	—	—	100 000	700

为了能够持续维持空气的洁净程度，对进入生产厂房的人员的着装也提出了极高的要求。进入厂房的人员须穿无尘服，戴无尘鞋套、无尘帽、口罩、手套等，也就是说，除了眼睛可以露出来外，其他部位统统不允许暴露在空气中，防止将外来污染物带入厂房，导致芯片失效。

图 7-5 厂房工作人员着装

集成电路工艺经过几十年的发展积累，目前已经十分成熟，各批次的制造工艺及测试系统都已经达到标准化，并且拥有非常完善的高层次设计工具来对芯片进行开发设计，能够做到设计和制造完全分离，相应地诞生了很多芯片设计公司。集成电路的发展目前面临着诸多的困难与挑战，比如芯片越做越复杂，技术越来越接近物理极限，研发制造的困难越来越大。

二、半导体元器件基本原理

（一）二极管

导电能力介于导体和绝缘体之间的物质称为半导体，常见的半导体是位于第四主族的硅和锗。半导体可以分为本征半导体和掺杂半导体。完全纯净的半导体称为本征半导体，绝对纯净的半导体并不存在。在本征半导体中掺入其他的微量元素称为掺杂半导体，掺入五价微量元素可构成 N 型半导体。N 型半导体中自由电子的数量远远大于空穴的数量，多数载流子为电子，少数载流子为空穴。在本征半导体中掺入三价微量元素，可构成 P 型半导体。P 型半导体中空穴的数量远远大于电子的数量，多数载流子为空穴，少数载流子为电子。

将 P 型半导体和 N 型半导体采用特殊的工艺制作在一起，在 P 型半导体和 N 型半导体的接触面会形成一个极薄的特殊区域，被称为 PN 结。下面介绍 PN 结的形成过程。因为 P 型半导体中的多数载流子为空穴，N 型半导体中的多数载流子为电子，所以两者的接触表面存在浓度差，从而引起多数载流子向彼此扩散，空穴和电子相遇后结合在了一起，随着扩散的不断进行，N 型半导体电势逐渐高于 P 型半导体的电势，从而形成了方向向左的内建电场，内建电场的产生导致空穴向 P 型半导体运动，电子向 N 型半导体运动，内建电场导致的载流子运动方向和由于载流子浓度差引起的运动方向相反，最终两者达到动态平衡，形成 PN 结，动态平衡区域的内部既没有电子，也没有空穴，称为空间电荷区，如图 7-6 所示。

PN 结具有单向导电性，施加正向电压时可以产生较大的电流，施加反向电压的时候几乎不导电。当 P 型半导体接电源的正极、N 型半导体接电源的负极的时候，此时施加的电压为正向，由电源产生的电场和 PN 结的内建电场方向相反，此时内建电场被削弱，动态平衡被打破，由载流子浓度差引起的载流子扩散大于内建电场引起的载流子运动，形成了比较大的扩散电流。当 P 型半导体接电源

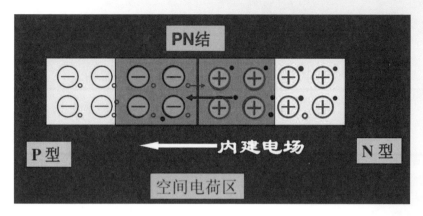

图 7-6 PN 结形成机理

的负极、N 型半导体接电源的正极的时候，此时施加的电压为反向电压，由电源产生的电场和 PN 结的内建电场方向相同，此时内建电场被加强，动态平衡被打破，由内建电场引起的载流子运动大于载流子浓度差引起的载流子扩散，但因为少数载流子的数量有限，只能形成很小的电流。

（二）三极管

三极管分为 NPN 型和 PNP 型，两个 N 型半导体夹一个 P 型半导体称为 NPN 型，两个 P 型半导体夹一个 N 型半导体称为 PNP 型，如图 7-7 所示。对于 PNP 型半导体，共有两个 PN 结，其中掺杂浓度最高的 N 型区域为发射极，中间较窄的 P 型区域，掺杂浓度中等，称为基极，浓度最低的 N 型区域称为集电极。集电极和基极形成的 PN 结称为集电结，发射极和基极形成的 PN 结称为发射结。如图 7-7（a）所示是一个 NPN 型三极管的示意图及电路符号，电路符号中箭头表示晶体管在放大模式下各电流的方向，在放大模式下集电结必须处于反向偏置，发射结必须处于正向偏置，也就是说，对于 NPN 型晶体管而言 $U_{CB}>0$，$U_{EB}<0$；对于 PNP 型晶体管而言，$U_{CB}<0$，$U_{EB}>0$。流过三个电极的电流的关系满足以下关系：$I_E=I_B+I_C$，$I_C \gg I_B$，$I_E \gg I_B$，$I_E \approx I_C$。把基极电流的微小变化能够引起集电极电流较大变化的特性称为三极管的电流放大作用，其实质是用一个微小电流的变化去控制一个较大电流的变化。三极管的工作原理相对于二极管更为复杂，如果对此感兴趣，可以去查阅固体物理，这里不再做详细的论述。

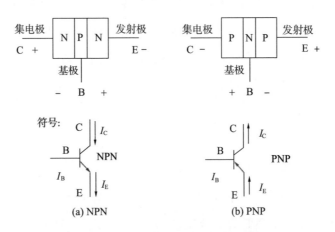

图 7-7　三极管结构示意图及电路符号

（三）陶瓷电容和电解质电容（图 7-8）

两个相互靠近的导体中间夹一层不导电的绝缘介质，称为电容器，靠近的两个导体称为极板。在电容器两个极板之间加上电压，可以用来储存电荷。电容器阻值的大小在数值上等于单位电压下一个极板所存储的电荷量的大小。在电学中，用字母 C 来表示电容，电容的单位是法拉，简称法，用字母 F 表示。陶瓷电容的两个极板之间夹着的绝缘介质为陶瓷，所以又叫瓷介电容，瓷介电容的两极不分正负极。陶瓷电容的种类繁多，陶瓷电容与其他电容器相比，具有耐高温、耐潮湿、比容量大、介电损耗小等优点，广泛应用于电子电路中。电解质电容一般选择铝或钽为正极，氧化铝或氧化钽为电解质，导电材料和电解质为负极，因为其负极选择电解质作为主要材料，所以称其为电解质电容。电解质电容有正负极，不可接反，在电子电路中一般默认电解质电容引线较长的为正极，引线较短的为负极。电解质电容单位体积电容量较大，比其他类型的电容大几十倍甚至是几百倍，其额定电容可以达到几万微法甚至是几法，制作成本低，价格和其他类型的电容相比，具有明显的优势。电解质电容的一个明显的缺点是当电压发生波动时，需要电容来稳定电压，但是当电压发生长时间的高频波动时，如果散热措施不到位，热量在电容周围积聚，就会导致电解电容发生漏液而失效。

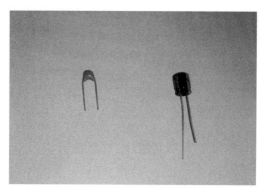

图 7-8　陶瓷电容和电解质电容

（四）电阻和发光二极管

电阻表示材料对电流阻碍作用的大小，对电流阻碍作用小的材料被称为导体，阻碍作用大的材料被称为绝缘体，导体和绝缘体之间没有绝对的界限。电阻是材料本身所特有的属性，阻值的大小由材料的种类、长度、横截面积及使用温度所决定。一般情况下，对于金属导体而言，其电阻随着温度的升高而升高；对于半导体而言，其电阻则随着温度的升高而降低。某些材料当温度降低到一定程度之后，其电阻会降低至 0，这种现象被称为超导现象，电阻为 0 的导体被称为超导体。超导课题一直是比较热点的研究课题，专家学者们也在不断找寻可以在更高温度下使用的超导材料。在接下来的实验案例中使用的是在电路中比较常见的色环电阻（图 7-9），色环电阻有四色环电阻，也有五色环电阻。

发光二极管（图 7-9）和普通的二极管一样，由一个 P 型掺杂半导体和一个 N 型掺杂半导体所组成，形成 PN 结。当给二极管加上正向电压后，从 P 区注入 N 区的空穴和由 N 区注入 P 区的电子，在 PN 结附近数微米内分别与 N 区的电子和 P 区的空穴复合，在某些半导体材料中，注入的少数载流子与多数载流子复合时会把多余的能量以光的形式释放出来，从而把电能直接转换为光能。PN 结加反向电压，少数载流子难以注入，故不发光。不同的半导体材料中电子和空穴所处的能量状态不同，电子和空穴复合时释放出的能量多少也不同，释放出的能量越多，则发出的光的波长会越短，如砷化镓二极管发红光，磷化镓二极管发绿光等。

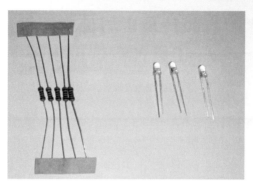

图 7-9　色环电阻和发光二极管

（五）纳米制程 8002A 功率放大芯片

纳米制程 8002A 功率放大芯片内部电路较为复杂，这里简单学习其基本原理，不再对内部电路进行详细的分析。纳米制程 8002A 功率放大芯片的一个根本作用就是将功率放大，所以内部应用到了包含三极管的放大电路，通过三极管的放大作用对输出功率进行放大，从而带动功率较大的扬声器进行工作。如图 7-10 所示为纳米制程 8002A 功率放大芯片，其内部采

图 7-10　纳米制程 8002A
功率放大芯片

用纳米制程工艺将所需的管芯进行集成制作，其外部采用了 8 脚封装形式。

演示实验

纳米制程芯片及半导体元器件应用
——功放音响焊接组装

▷ 实验目的

通过对纳米制程芯片及半导体元器件进行焊接及组装，初步认识半导体电路中纳米制程芯片、元器件的外观形貌及基本工作原理，锻炼学生的思考能力、动手能力及合作能力。

▷ 实验原理

基于纳米制程功率放大芯片及外置PCB电路，将各个半导体元器件焊接组合，实现音频信号的放大。

▷ 实验材料和设备

可调温电烙铁、烙铁架、焊锡丝、焊锡膏、剪刀、功放音响焊接纳米制程芯片及半导体元器件一套、喇叭、导线四根（两根红线与两根黑线）、组装外壳一套、计算机。

▷ 实验步骤

根据表7-2检查发放的电子元器件是否有缺失或多余，再检查电烙铁的烙铁头是否挂锡，如果未挂锡而发生生锈，需更换电烙铁的烙铁头。确认没有问题后插电并打开电烙铁，调节电烙铁的温度，使之大于等于 200 ℃，然后等待电烙铁上升到需要的温度，由于电烙铁的烙铁头部分和发热体接触松紧程度不同，因而可根据实际使用情况进一步升高适当的温度。需要强调的是，电烙铁的烙铁头温度是极高的，使用过程中必须注意安全，小心被高温烫伤。女生在操作过程中要束好头发。

表 7-2　功放音响电子元器件统计表

元件名称参数	主板电路板上标识	元件规格	数量
105	主板：C1、C3	插件电容	2
224	主板：C2、C4，没有方向	插件电容	2
$220\mu F$	主板：C5，长脚为正	插件电容	1
10K	主板：R6	插件电阻	1
4K7	主板：R3	插件电阻	1
1K	主板：R1、R2、R4、R5、R7	插件电阻	5
双联电位器	主板：RP1	拨盘电位器	1
电源开关	主板：SW1	船型开关	1
8002 芯片	主板：U1	贴片芯片	1
$10\mu F$	主板：C6、C7，长脚为正	插件电容	2
10K 电位器	主板：RP2	电位器	1
KA2284	主板：U2	插件 DIP8	1
LED	主板：D1、D2、D3、D4、D5	3 mm LED	6

准备完成后，第一步，焊接 8002A 功放芯片，将焊接主板有汉字的一面朝下放置，将背部有 U1 标识的朝下放置，如图 7-11（a）所示。将 8002A 功放芯片左上角有凹

陷圆坑的一边朝上放置。方位正确后将8002A摆放到如图7-11所示倒置的U1上方，并将芯片的8个引脚和电路板上的8个焊点对齐，然后进行焊接。这里需要注意的是，由于8002A芯片引脚之间的距离非常狭小，在焊接的时候要非常小心，不要把锡焊到相邻的引脚上而发生短路，没有把握的同学可寻求其他同学或者老师的帮助。如果不小心发生短路，可寻找老师查看是否可以补救，若补救失败，须更换新的电路板和芯片。

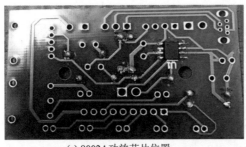 

(a) 8002A功放芯片位置　　　　　(b) 8002A功放芯片

图7-11　纳米制程8002A功率放大芯片焊接示意图

纳米制程8002A功率放大芯片焊接完成后，第二步，焊接电解质电容。此时将电路主板有字的一面朝上，如图7-12（a）所示。首先找到电路主板上有C5、C6、C7标识的位置，这三个位置为三个圆，并且左半边的圆都被间隔相等的竖直白线填充。这里一共有三个电解电容，其中较大的电容为220 μF，将其放置在C5位置，将长引脚放置在左半边被竖直白线填充的孔内，将短引脚放置在右半边未被填充的孔内。按照上述步骤，将剩余两个较小的电容（10 μF）放置在C6、C7位置，然后在如图7-12（b）

所示的背面进行焊接。

(a) 电路主板正面

(b) 电解质电容位置

图 7-12　电解质电容位置示意图

第三步，焊接瓷片电容，将电路主板有字的一面朝上，找到 C1、C3 的位置，其旁边分别标有 105 标识。找到 C2、C4 的位置，其旁边分别标识 224 标识，如图 7-13（a）所示为 C3。找到瓷片电容器上面标识有 105 及 224，其中标识 105 的瓷片电容有两个，标识 224 的瓷片电容有两个，如图 7-13（b）所示。将标识有 105 的瓷片电容放置在 C1 及 C3 位置，将标识有 224 的瓷片电容放置在 C2 及 C4 位置。值得注意的是，这里 C2、C3、C4 位置处的电容均是左右放置，位于竖直放置的平行线的两端（平行线为电路中电容的电学符号）；C1 位置处的电容需

(a) 瓷片电容位置

(b) 瓷片电容105与224

图 7-13　瓷片电容位置示意图

上下放置，位于水平放置的平行线两端。瓷片电容不分正负，所以只要放置位置正确即可。放置完成后在背面进行焊接。

第四步，焊接色环电阻及电位器。在电路主板上找到R1、R2、R4、R5、R7的标识，在主板电路中R1、R2、R4、R5、R7的电路符号上均标有1K。在电路板上找到R3标识，其电路符号上标有4K7标识。在电路中找到R6标识，其电路符号上标有10K标识，如图7-14（b）所示为电路板上R6及R7所在位置。接下来寻找电阻，先用多用表测试电阻的两端，阻值为1 000 Ω的是R1、R2、R4、R5，阻值为4 700 Ω的是R3，阻值为10 000 Ω的是R6，再将电阻放置到对应的位置，在背面进行焊接。将两个电位器RP1、RP2放置在最右侧位置。如图7-14（a）所示为从第二步到第四步焊接完成的图例。

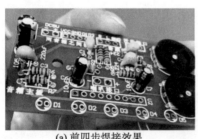

(a) 前四步焊接效果　　　　　(b) 色环电阻R6与R7焊接位置

图7-14　色环电阻及电位器位置示意图

第五步，焊接KA2284直插芯片。首先找到电路主板上U2标识，在电路主板接近底部的位置，共计有9个插孔[图7-15（b）]。找到KA2284直插芯片，如图7-15（a）所示，可使KA2284直插芯片的缺口与电路主板的缺口对齐，插入芯片，也可将 KA2284 直插芯片字面朝外放置，然后在背后进行焊接。

(a) KA2284直插芯片位置

(b) KA2284直插芯片

图 7-15　KA2284 直插芯片位置示意图

第六步，焊接发光二极管、USB 接口。在电路板主板上最下面找到 D1～D5 标识，为一排水平放置的圆（图 7-16），圆内右下方标有"＋"，所以右侧为正极。插入发光二极管，其较长的引脚为正极，较短的引脚为负极，注意正负极不要插反，插到距离顶端约 5 mm 处向外侧弯折，然后在背面进行焊接。在电路板左上角找到 USB 标识，然后将 USB 插入，并在背部进行焊接。

图 7-16　发光二极管、USB 位置示意图

第七步，焊接喇叭及开关。找到电路主板上标有汉字喇叭接口的标识，接口的两端标有正负极，将红色引线插入正极，黑色导线插入负极，然后在背部进行焊接，将引出的线焊接到喇叭对应的正负极上。找到电路主板上标有开关接口的标识，将红色及黑色导线接入，并和开关连接，开关不分正负极。焊接完成后找教师进行试音，若能正常工作，可以播放音频后，再进行外壳的组装。外壳的组装这里不再进行详细的讲解，大家自行思考，并动手进行组装，最终成品示意图如图7-17所示。

图 7-17　功放音响成品示意图

 **思考题**

（1）8002A 功率放大芯片的内部电路工作原理是什么？

（2）使用电烙铁进行锡焊时，电烙铁或焊盘不挂锡怎么处理？

（3）焊锡膏的作用是什么？

（4）如何对已经完成所有焊接组装但无法正常工作的电路进行故障排查？

第八章　纳米材料在定量分析领域的应用

在工业生产中，通过对原料、中间产品和产品质量进行定量分析，可以控制生产流程，改进生产技术，提高产品质量；在农业、牧业等方面，土壤的测定，水质的化验，农药残留量的分析，污染状况的检测，肥料、农药、饲料和农产品品质的评定，家禽的科学饲养和临床诊断等，都广泛地用到定量分析的理论和技术。

纳米材料与普通材料相比，其机械性能更强，在电、热和磁等领域有更好的性能，其结构和性能的特异性大大提高了其对化学反应的催化作用。在定量分析领域，纳米材料常用来制作电化学传感器。

一、定量分析概述

（一）定性与定量

定性分析是鉴定物质的化学组成，比如物质是由哪些元素组成或离子构成，对于有机物质还要确定其官能团和分子结构式。定量分析的目的是检测样品各组分的含量。对于某一未知样品，一般首先了解其定性组成，也就是样品的主要成分和主要杂质，然后选择合适的分析方法来进行定量分析。

（二）定量分析的分类

根据试样用量或被测组分含量，定量分析分为以下几种方法（表 8-1）。

表 8-1　定量分析方法

方法	试样质量	试液体积	被测组分含量
常量分析	0.1 g	10 mL	1%
半微量分析	0.01～0.1 g	1～10 mL	
微量分析	0.1～10 mg	0.01～1 mL	0.01%～1%
超微量分析	0.1 mg	0.01 mL	0.01%

根据分析方法，定量分析还可以分为化学分析法和仪器分析法。以化学反应为基础的分析方法称为化学分析法，比如重量分析法和滴定分析法。以物质的物理性质或物理化学性质为基础，通过精密仪器测定物质的物理性质或物理化学性质而测出的待测物含量的方法，称为仪器分析法。

相对于化学分析法，仪器分析法有以下特点：① 灵敏度高。检出用量小，样品用量由化学分析的 mL、mg 级降至仪器分析的 μL、μg 级，甚至更低。适用于微量、痕量和超痕量成分的测定。② 选择性好。很多仪器分析方法可通过选择或调整测定条件，使共存组分在测定时相互不产生干扰。③ 操作简便。分析速度快，易于实现自动化。④ 相对误差较大。一般为 5%，不适用于常量和高含量成分的分析。⑤ 专用的设备价格比较昂贵。

仪器分析法中的第一类分析方法是利用物质的光学性质进行定量分析，包括吸光光度法、红外吸收光谱分析法、紫外吸收光谱法、发射光谱法、原子吸收光谱法（图 8-1）和荧光分析法等。

图 8-1　原子吸收光谱仪

仪器分析法中的第一类分析方法是电化学分析法，它是利用物质的电学及电化学性质来测定物质组分含量的。测量时将测试溶液构成某化学电池的组成部分，通过测量该电池的某些参数，如电阻（电导）、电动势、电流、电量的变化对物质进行分析。根据测量参数的不同，电化学分析法可以分为电导分析法、电位分析法、电解和库仑分析法、伏安和极谱分析法等。

仪器分析法中的第三类分析方法是色谱分析法，主要有液相色谱法和气相色谱法。它是根据混合物中各组分在互不相溶的两相（通常称为固定相和流动相）中的吸附能力、分配系数或其他亲和力的作用的差异而建立的分离及测定方法。

除上述三类仪器分析法之外，还有一些仪器分析法，如质谱法、核磁共振波谱法、热分析法等。

二、定量分析的可靠性

（一）灵敏度

灵敏度是指某方法对单位浓度或单位量待测物质变化所产生的相应量的变化程度，如分光光度法常以校准曲线的斜率度量灵敏度：

$$s = kc + a \tag{8-1}$$

式中，s 为仪器响应值；k 为方法的灵敏度，即校准曲线的斜率；c 为待测物质的浓度；a 为校准曲线的截距。

（二）检出限

检出限是指用某特定分析方法在给定的置信度内可从试样中检出待测物质的最小浓度。它分为仪器检出限和方法检出限。仪器检出限是指产生的信号比仪器噪声大 3 倍的待测物质的浓度。方法检出限是指当用一种完整的方法，在 99％置信度内，产生的信号不同于空白样品中被测物质的浓度。灵敏度越高，检出限越低，检测器性能越好。

（三）空白值

空白值全面地反映了分析实验室和分析人员的水平。它是指除了不加样品外，按照样品分析的操作手续和条件进行实验得到的分析结果。

（四）测定限

测定限为定量范围的两端，分别为测定下限与测定上限，随精密度要求的不同而不同。测定下限：在测定误差达到要求的前提下，能准确地定量测定待测物质的最小浓度或量，称为该方法的测定下限。测定上限：在测定误差能满足预定要求的前提下，用特定方法能够准确地定量测量待测物质的最大浓度或量，称为该方法的测定上限。

（五）最佳测定范围

最佳测定范围也就是在测定下限和测定上限两者的区间内，见图 8-2。

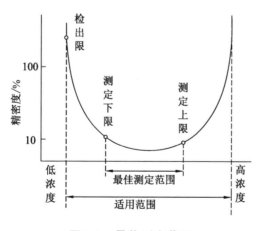

图 8-2　最佳测定范围

（六）校准曲线

校准曲线是描述待测物质浓度或量与相应的测量仪器响应或其他指示量之间的定量关系曲线（图8-3），包括标准曲线和工作曲线。标准曲线是用标准溶液系列直接测量，没有经过样品的预处理过程，这对于基体复杂的样品往往造成较大误差。工作曲线是指所使用的标准溶液经过了与样品相同的消解、净化、测量等全过程。绘制的校准曲线直接影响样品分析结果。校准曲线也确定了方法的测定范围。

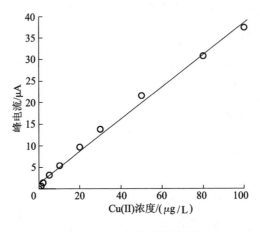

图8-3　标准曲线示意图

（七）加标回收率

在测定试样的同时，于同一试样的子样中加入一定量的标准物质进行测定，将其测得的结果扣除试样的测定值，计算回收率，称为加标回收率。其要求为

（1）加标物的形态应该和待测物的形态相同。

（2）加标量应和样品中所含待测物的测量精密度控制

在相同的范围内，通常做如下规定：① 加标量应与待测物含量相等或相近，注意样品容积的影响。②当待测物含量接近方法检出限时，加标量应在校准曲线低浓度范围。③ 在任何情况下加标量均不得大于待测物含量的 3 倍。④ 加标后的测定值不应超出方法的测量上限的 90%。

（3）由于加标样和样品的分析条件完全相同，其中干扰物质和不正确操作等因素所导致的效果相等，因此，当以其测定结果的差值，计算回收率时，常不能准确地反映样品测定结果的实际差错。

（八）干扰试验

（1）针对实际样品中可能存在的共存物，检验其是否对测定有干扰，并了解共存物的最大允许浓度。

（2）干扰可能导致正或负的系统误差，与待测物浓度和共存物浓度大小有关。

（3）干扰试验应选择两个（或多个）待测物浓度值和不同水平的共存物浓度的溶液进行试验测定。

三、电感耦合等离子发射光谱仪的分析原理

（一）电感耦合等离子发射光谱仪的分析原理

电感耦合等离子发射光谱仪（图 8-4）的特点是可以实现多元素同时测定，并且具有较宽的检测范围，仅能进行元素定量分析，不能确定元素的价态及形态。

图 8-4　电感耦合等离子发射光谱仪

1. 原子发射光谱仪的基本原理

原子发射光谱分析是根据试样物质中气态原子（或离子）被激发后，其外层电子辐射跃迁所发射的特征谱线的波长和强度对其进行定性、半定量和定量分析的方法。这种方法常被称为光谱化学分析，也可简称为光谱分析。原子发射光谱只能用来确定物质的元素组成和含量，不能给出分子的有关信息。

在光谱分析常用光源中激发的光谱主要是原子谱线和一次电离的离子谱线，只有在个别情况下出现二次电离的离子谱线。

原子谱线是由原子外层电子被激发到高能态后跃迁回基态或较低能态时，所发射的谱线被称为原子谱线，在谱线表中用罗马字"Ⅰ"表示。

离子谱线是指原子在激发源中得到足够能量时，会发生电离。原子电离失去一个电子称为一次电离，一次电离的离子再失去一个电子称为二次电离，依此类推。离子也可能被激发，其外层电子跃迁也发射光谱，这种谱线被称为离子谱线。一次电离的离子发出的谱线，称为一级离子谱线，用罗马数字"Ⅱ"表示。二次电离的离子发出的谱线，称为二级离子谱线，用罗马数字"Ⅲ"表示。

2. 发射光谱分析的基本过程

（1）样品引入一个激发光源。

（2）样品中的元素被加热至气态，产生自由原子。

（3）原子核外电子吸收能量并被激发至高能态。

（4）激发了的电子从高能态返回低能态时，发射出各自的特征光谱。

（5）发射出的光谱被分光成不同波长的谱线。

（6）不同波长的谱线的强度被定量测定，并与标样谱线的强度相比较。

（7）给出样品中元素的含量。

（二）紫外-可见分光光度计

许多物质是有颜色的，比如二价铜离子在水溶液中呈蓝色，很多有机染料在水溶液中也呈现出颜色。而这些有色溶液颜色的浓淡与它们的浓度有关，浓度越大，颜色越浓。可以用比较颜色的浓淡来测得物质的浓度，如使用分光光度计来进行分析，这种方法称为分光光度法。紫外可见分光光度法，主要利用物质对于波长为 $200 \sim 760$ nm 的电磁波的吸收特性而建立起一种定性、定量与结构的分析方法。这种分析方法精确度较高、操作简单、重现性较好。

1. 互补色

当一束白光（由各种波长的光按照一定比例组成）通过某一有色溶液时，一些波长的光被溶液吸收，另一些波长的光则透过溶液。人眼看到的颜色则是透射光的刺激。人眼能够感觉到的光为可见光（图 8-5）。在可见光区，不同波长的光呈现不同的颜色，因此，溶液的颜色由透射光的波长所决定。透射光和吸收光组成了白光，因此这两种光互为补色光，两种颜色互为补色。表 8-2 列出了物质颜色和吸收光颜色的互补关系。

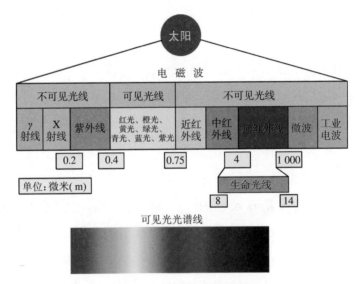

图 8-5　太阳光波长范围

表 8-2　物质颜色与吸收光颜色的互补关系

物质颜色	吸收光	
	颜色	波长/nm
黄绿	紫	400～450
黄	蓝	450～480
橙	绿蓝	480～490
红	蓝绿	490～500

续表

物质颜色	吸收光	
	颜色	波长/nm
紫红	绿	500～560
紫	黄绿	560～580
蓝	黄	580～600
绿蓝	橙	600～650
蓝绿	红	650～780

2. 吸收曲线

当光照射到物质或溶液时，分子、原子或离子吸收了光子的能量，这些粒子由基态跃迁到激发态。由于分子、原子或离子具有不连续的量子化能级，只有照射光光子的能量与被照射物质粒子的基态和激发态的能级差相当的时候才能发生吸收。不同的物质由于分子结构不同，因而具有不同的量子能级，对光的吸收具有选择性。将不同波长的光透过某一固定浓度和厚度的有色溶液，测试每一波长下有色溶液对光的吸收程度（吸光度），以入射光的波长为横坐标、吸光度为纵坐标，作图，可以得到一条曲线，这种曲线可以表示物质对不同波长光的吸收能力，被称为吸收曲线（吸收光谱）。从亚甲基蓝的吸收曲线（图 8-6）可以看出，亚甲基蓝对不同波长的光的吸收能力不同，对 664 nm 的红光吸收最多，相应的波长称为最大吸收波长 λ_{max}。对波长 550 nm 以下的光几乎没有吸收，所以溶液呈现蓝色。这也说明了物质呈现不同颜色的原因及对光的选择性吸收。

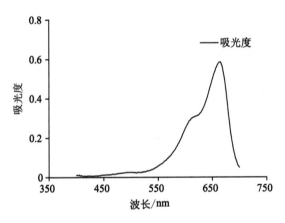

图 8-6　亚甲基蓝的吸收曲线

吸收曲线具有如下特点：① 同一种物质对不同波长的光的吸光度不同。吸光度最大处对应的波长称为最大吸收波长 λ_{max}。② 不同浓度的同一种物质，其吸收曲线外形类似，最大吸收波长不变。对于不同的物质，它们的吸收曲线外形和最大吸收波长不同。③ 吸收曲线可以提供物质的构造信息，并作为物质定性分析的依据。④ 不同浓度的同一种物质，在一定波长下吸光度有差别，在最大吸收波长处的吸光度的差别最大。这一特性可以作为物质定量分析的根据。⑤ 在最大吸收波长处的吸光度随浓度变化的幅度最大，所以灵敏度最高。吸收曲线是定量分析中选择入射光波长的重要根据。

3. 光的吸收基本定律——朗伯比尔定律

朗伯比尔定律是吸光光度法的定量的理论基础。当一束平行单色光通过液层厚度为 b 的有色溶液时，溶质吸收了光能，光的强度就要减弱。溶液的浓度越大，通过的液层厚度越大，入射光越强，那么光被吸收得越多，光强度减弱得也越明显。它们之间的定量关系即为朗伯比尔定律，具体见式8-2：

$$A = \lg (1/T) = \varepsilon bc \qquad (8\text{-}2)$$

式中，A 为吸光度；T 为透射比（透光度），是出射光强度（I）与入射光强度（I_0）之比；ε 为摩尔吸光系数；c 为待测物质的浓度；b 为吸收层厚度，即光程长度。

朗伯比尔定律的物理意义为：当一束平行单色光垂直通过单一均匀的、非散射的吸光物质溶液时，溶液的吸光度与溶液浓度和液层厚度的乘积成正比。

（三）电化学传感器

电化学传感器广泛应用于各个领域。例如，在环境保护领域，可以用来检测氧气、氢气、二氧化碳等多种气体，也可以应用于水环境中的重金属离子及有机污染物的检测；在生物医学领域，则可用来检测葡萄糖、过氧化氢、抗坏血酸等；在食品检测领域，可以用来检测食品中各种添加剂的含量和农药的残留物；等等。

1. 电化学传感器的分类

电化学传感器根据输出信号的不同，可以分为电位型传感器、电导型传感器及电流型传感器；根据检测目标物质的不同，可分为离子传感器、气体传感器和生物传感器。

2. 电化学传感器的常用材料

碳材料、金属氧化物材料、纳米金属材料和导电聚合物等都是制备电化学传感器敏感元件的常用材料。碳纳米材料包含碳纳米颗粒、碳纳米管、纳米碳材料和石墨烯等。因纳米颗粒具有尺寸小、比表面积大的特点，可用来作为修饰电极的催化剂，能够明显增强复合材料的催化性能。例如，用多壁碳纳米管修饰的复合电极来检测水合肼，具有较低的检出限和较宽的线性范围等优点。又如，将石墨烯和多壁碳纳米管修饰在金纳米棒上用来检测抗坏血酸，具有较好的重复性和长期的稳定性。多壁碳纳米管较大的比表面有利于抗坏血酸的催化，而石墨烯的加入是为了防止多壁碳纳米管的聚集。常见的金属氧化物材料用于电化学传感器的有 CuO、TiO_2、ZnO、SnO_2、ZrO_2、Fe_3O_4 等。但金属氧化物导电性不太好，通常和有机聚合物、碳材料和金属组成复合材料。有研究者直接在铜箔表面自发生长 CuO 纳米片，其具有优良的机械稳定性，对 H_2O_2 的氧化和还原的过电位极小且易于应用于其他分析物，在电化学领域具有广阔的应用前景。与其他材料相比，金属纳米材料由于其较好的导电性、良好的生物相容性及低细胞毒性，被越来越多的研究者所关注。

2000 年，铋基电极被引入重金属离子的痕量分析。铋基电极被认为是汞基电极的成功替代品，用于重金属离子和有机污染物的电化学分析，既环保，又具有与汞相媲美的检测效果。有机聚合物是另一类有效的电极修饰材料，可以通过单体的共聚作用，或者先形成聚合物，然后经过后修饰的步骤修饰在电极表面，大量的有机聚合物，特别是导电聚合物和具有螯合能力的聚合物被用于构建重金属离子传感器。通常与无机纳米材料结合，用于制造灵敏度高的重金属传感器。

演示实验　食品中的维生素 C 的定量分析

实验背景

维生素 C 是一种多羟基化合物，其化学式为 $C_6H_8O_6$。其结构类似葡萄糖（图 8-7），分子中第 2 及第 3 位上两个相邻的烯醇式羟基极易解离而释出 H^+，故具有酸的性质，又称 L-抗坏血酸。维生素 C 是人体所必需的成分，可以促进胶原蛋白的合成，增强免疫功能，促进矿物质的吸收，减少动脉硬化，还可以起到抗氧化及抗肿瘤的作用。

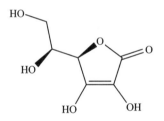

图 8-7　VC 结构式

缺乏维生素 C 会怎样？一般症状：缺乏维生素 C，一般 3～4 个月方出现症状，早期表现为食欲减退、体重不增、面色苍白、倦怠无力，可伴低热、呕吐、腹泻等，易感染或伤口不易愈合。出血症状（维生素 C 缺乏病）：常见长骨骨膜下、皮肤及黏膜出血，齿龈肿胀、出血，继发感染局部可坏死，亦可有鼻衄，眼眶骨膜下出血，消化道出血，血尿，关节腔内出血，甚至颅内出血。人体所需的维生素 C 有一定的限量，成年人为 100 毫克/日，可耐受最高摄入量为 1 000 毫克/日。

实验目的

（1）掌握标准溶液的配制方法。

（2）掌握分析滴定法。

实验原理

天然的抗坏血酸有还原型和脱氢型两种，还原型抗坏血酸分子结构中有烯醇存在，是一种非常敏感的还原剂，它可以失去两个氢原子而被氧化为脱氢型抗坏血酸。染料 2，6-二氯靛酚（图 8-8）作为氧化剂，可以氧化抗坏血酸而被还原成无色的衍生物。2，6-二氯靛酚钠盐易溶于水，其碱性或中性水溶液呈蓝色，在酸性溶液中呈桃红色，这个变化可以用来鉴定滴定的终点。由于抗坏血酸在许多因素影响下都容易发生变化，因此，取样品时应尽量缩短操作时间，并避免与铜、铁等金属接触，以防止氧化。

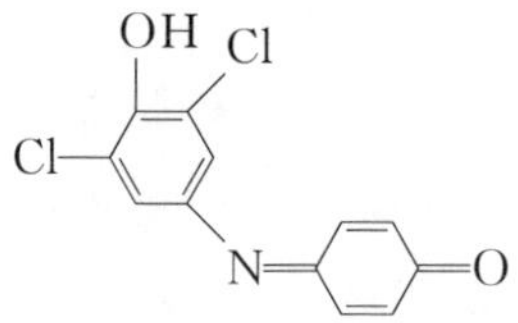

图 8-8　2，6-二氯靛酚结构式

实验材料和设备

2，6-二氯靛酚、抗坏血酸、草酸、果汁、烧杯、锥形瓶、玻璃漏斗、酸式滴定管、滴定台、移液管、电子天平。

➡️ **实验步骤**

1. 标准维生素 C 溶液配制

配制 1% 草酸溶液 500 mL：称取 5g 草酸溶解于 500 mL 纯水中。

精确称取抗坏血酸 20 mg，用 1% 草酸溶解于 100 mL 容量瓶中，用 1% 草酸定容，记为维生素 C①。用移液管移取 5 mL 维生素 C① 至 50 mL 容量瓶中，加 1% 草酸定容，记为维生素 C②。

2. 2, 6-二氯靛酚溶液配制

称取 2, 6-二氯靛酚 50 mg，溶解于 200 mL 热水中（热水中溶解 52 mg 碳酸氢钠），冷却后加水 50 mL，过滤后盛于棕色试剂瓶中，放冰箱中避光保存。

3. 2, 6-二氯靛酚溶液标定

用移液管吸取维生素 C② 5 mL，加 1% 草酸 5 mL 和 20 mL 纯水，以 2, 6-二氯靛酚溶液滴定，至桃红色保持 15 s 不褪色为终点。滴定的溶液的体积相当于 0.1 mg 维生素 C，计算出每一毫升 2, 6-二氯靛酚溶液能氧化的抗坏血酸毫克数。

4. 待测样品的制备

取一定量磨碎的样品液（或相应的果汁），加 1% 草酸溶液稀释，滤纸过滤，收集滤液用 1% 草酸定容，记为样品①。

5. 待测样品滴定

移取样品①一定量至 200 mL 锥形瓶中，加 20 mL 纯水，以 2，6-二氯靛酚溶液滴定，至桃红色保持 15 s 不褪色为终点。记录滴定前和滴定后滴定管的刻度，计算所用 2，6-二氯靛酚溶液的体积 V。

6. 计算

$$维生素 C（mg/100 g）=V \times T \times 100/ W$$

式中，V 为滴定样品所用的 2，6-二氯靛酚溶液的体积，单位为 mL；T 为 1 mL 2，6-二氯靛酚溶液相当的维生素 C 毫克数；W 为滴定时吸取的样品质量，单位为 g。

思考题

（1）定性分析和定量分析有何区别？

（2）有哪些仪器可以用来进行定量分析？

（3）什么是检测限？原子吸收光谱仪和电感耦合等离子发射光谱仪分析原理有何不同？